Ihre Arbeitshilfen zum Download:

Die folgenden Arbeitshilfen stehen für Sie zum Download bereit:

- Linkliste
- Faktorverfahren
- Tätigkeitsschlüssel
- Personengruppen
- Sachbezugswerte
- Zinsstatistik
- Pfändungstabelle

Den Link sowie Ihren Zugangscode finden Sie am Buchende.

W0226049

MIX
Papier aus verantwortungsvollen Quellen
Paper from responsible sources
FSC® C105338

Crashkurs Lohn und Gehalt

Carola Hausen

Crashkurs Lohn und Gehalt

Grundlagen der Lohnabrechnung, Sozialversicherung und Lohnsteuer

1. Auflage

Haufe Gruppe
Freiburg · München · Stuttgart

Bibliografische Information der Deutschen Nationalbibliothek

Die Deutsche Nationalbibliothek verzeichnet diese Publikation in der Deutschen Nationalbibliografie; detaillierte bibliografische Daten sind im Internet über http://dnb.dnb.de abrufbar.

Print: ISBN 978-3-648-11042-3 Bestell-Nr. 14057-0001
ePub: ISBN 978-3-648-11043-0 Bestell-Nr. 14057-0100
ePDF: ISBN 978-3-648-11044-7 Bestell-Nr. 14057-0150

Carola Hausen
Crashkurs Lohn und Gehalt
1. Auflage 2018

© 2018 Haufe-Lexware GmbH & Co. KG, Freiburg
www.haufe.de
info@haufe.de
Produktmanagement: Bernhard Landkammer

Lektorat: Gabriele Vogt
Satz: Reemers Publishing Services GmbH, Krefeld
Umschlag: RED GmbH, Krailling

Alle Angaben/Daten nach bestem Wissen, jedoch ohne Gewähr für Vollständigkeit und Richtigkeit. Alle Rechte, auch die des auszugsweisen Nachdrucks, der fotomechanischen Wiedergabe (einschließlich Mikrokopie) sowie der Auswertung durch Datenbanken oder ähnliche Einrichtungen, vorbehalten.

Inhaltsverzeichnis

Vorwort

Die Lohn- und Gehaltsabrechnung ist für viele ein »rotes Tuch«. Bürokaufleute, Steuerfachangestellte, Finanzbuchhalter, Bilanzbuchhalter, aber auch Steuerberater und Personalverantwortliche machen um die Lohn- und Gehaltsabrechnung gern einen großen Bogen. »Zu kompliziert«, »viel zu umfangreich«, »zu hohes Haftungsrisiko« sind nur einige Argumente.

In der Tat: Die fachlichen Herausforderungen, die tagtäglich an die Mitarbeiter in den Lohnbuchhaltungen gestellt werden, sind umfangreich und scheinen manchmal zunächst unlösbar. So sind ja immer mindestens drei Rechtsgebiete betroffen: das Arbeitsrecht, das Steuerrecht und das Sozialversicherungsrecht. Manchmal auch noch mehr, wenn Sie z.B. eine Pfändung zu bearbeiten haben. Und da man nie in allem perfekt ist, kann man natürlich auch eine Menge falsch machen.

Man kann sich aber auch der Herausforderung stellen und sagen: Nun gerade! Das müsste doch zu schaffen sein! Und ich kann Ihnen versprechen: Es ist zu schaffen. Wenn Sie sich erst einmal richtig eingearbeitet haben, werden Sie feststellen, dass es sehr viel Spaß macht, sich mit Lohn und Gehalt zu beschäftigen. Es kommen immer wieder neue Abrechnungsfälle auf Sie zu und immer, wenn Sie denken, nun habe ich mich schon mit (fast) allem beschäftigt, was es in der Lohnabrechnung so geben kann, kommt wieder ein Fall, den Sie so noch nicht hatten …

Und dann kommen die Änderungen. Kein Jahr ist wie das andere, das ist ganz sicher. Sie müssen sich also ständig weiterbilden, damit Sie auf dem Laufenden sind. Was sich auf jeden Fall jährlich ändert, sind die Lohnsteuertabellen (siehe Kapitel 2.6) und die Beitragsbemessungsgrenzen (siehe Kapitel 3.6), gern auch öfter mal die Beitragssätze (siehe Kapitel 3.5) und Umlagesätze (siehe Kapitel 3.11 und 3.12), alle zwei Jahre die Pfändungsfreigrenzen usw. Dann kommen natürlich immer wieder Gesetzesänderungen dazu, sowie Ergebnisse der Gerichtsbarkeit, die dann in die Lohnsteuerrichtlinien, BMF-Schreiben oder Rundschreiben der Sozialversicherung einfließen.

Mit diesem Buch möchte ich Ihnen einen ersten Einblick in die Lohn- und Gehaltsabrechnung geben, viele Grundbegriffe und Abrechnungen erklären und Sie auch ein wenig auf Prüfungen durch das Finanzamt und die Deutsche Rentenversicherung vorbereiten.

Die Abrechnungsbeispiele sind alle mit den Parametern für das Jahr 2017 erstellt. Wenn Sie das Buch in einem späteren Jahr zur Hand nehmen und die Beispiele nachvollziehen wollen, dann suchen Sie sich am besten einen Brutto-Netto-Rechner für das Jahr 2017 im Internet und versuchen damit, auf dasselbe Ergebnis zu kommen wie im Buch (das müsste klappen!). Natürlich können Sie die Beispiele auch als Vorlage für die Folgejahre nutzen, aber dann werden Sie auf jeden Fall Abweichungen feststellen.

Ich habe versucht, immer Beispiele zu wählen, die gut nachvollziehbar sind. Da es so viele verschiedene Varianten gibt, hier zu Ihrem Verständnis ein paar grundsätzliche Dinge:

Die Ergebnisse variieren von Arbeitnehmer zu Arbeitnehmer nicht nur hinsichtlich der lohnsteuerlichen Abzugsmerkmale, sondern auch noch hinsichtlich des Bundeslands bei der Kirchensteuer, der unterschiedlichen Krankenkassen, der Tatsache, ob ein Arbeitnehmer Kinder hat, hinsichtlich der Pflegeversicherung (siehe Kapitel 3.10.4), ob er privat krankenversichert ist und hinsichtlich des Rechtskreises (ja, wirklich: Es gibt immer noch Ost und West) usw.

Beispielsweise ist die Kirchensteuer in den Bundesländern unterschiedlich hoch (siehe Kapitel 2.8). Ich habe aber in allen Beispielen bei Religionszugehörigkeit mit 9% Kirchensteuer gerechnet – hier bitte ich schon mal alle Leser aus Bayern und Baden-Württemberg, bei denen es 8% sind, um Verständnis –, sozusagen im Interesse der Mehrheit. Dann gibt es hinsichtlich der Arbeitgeberanteile auch noch mal Unterschiede bei den Umlagen (siehe Kapitel 3.11).

Und noch etwas: Natürlich geht es im Text und bei allen Beispielen immer um Arbeitnehmer und Arbeitnehmerinnen (außer beim Mutterschutz, das ist immer noch Frauensache). Ich habe der Einfachheit halber nur von Arbeitnehmern gesprochen. Das liest sich einfacher, und Sie wissen natürlich, dass immer beide gemeint sind.

Ich wünsche Ihnen auf jeden Fall viel Spaß bei der Eroberung Ihres neuen Fachgebiets!

1 Einführung in die Lohn- und Gehaltsabrechnung

1.1 Arbeitgeber/Arbeitnehmer

Wann müssen Sie sich mit Lohnabrechnung beschäftigen? – Wenn es einen Arbeitgeber und mindestens einen Arbeitnehmer gibt.

Wann ist man **Arbeitgeber**? Die Antwort ist ganz einfach: Arbeitgeber ist jeder, der eine andere Person als Arbeitnehmer beschäftigt. Arbeitgeber kann eine juristische oder natürliche Person sein. Arbeitgeber kann auch sein, wer selbst als Arbeitnehmer oder Beamter bei einem anderen Arbeitgeber beschäftigt ist. Entscheidend ist die weisungsgebundene Tätigkeit des Arbeitnehmers. In §1 Abs. 2 LStDV heißt es: »Ein Dienstverhältnis liegt vor, wenn der Angestellte (Beschäftigte) dem Arbeitgeber (öffentliche Körperschaft, Unternehmer, Haushaltsvorstand) seine Arbeitskraft schuldet. Dies ist der Fall, wenn die tätige Person in der Betätigung ihres geschäftlichen Willens unter der Leitung des Arbeitgebers steht oder im geschäftlichen Organismus des Arbeitgebers dessen Weisungen zu verfolgen verpflichtet ist.«

Wann ist man **Arbeitnehmer**? Die Antwort ist nicht mehr ganz so einfach. Entscheidend ist, ob man abhängig beschäftigt ist und Arbeitslohn bezieht. §1 Abs. 1 LStDV sagt dazu: »Arbeitnehmer sind Personen, die in öffentlichem oder privatem Dienst angestellt oder beschäftigt sind oder waren und die aus diesem Dienstverhältnis oder einem früheren Dienstverhältnis Arbeitslohn beziehen. Arbeitnehmer sind auch die Rechtsnachfolger dieser Personen, soweit sie Arbeitslohn aus dem früheren Dienstverhältnis ihres Rechtsvorgängers beziehen.« Das betrifft vor allem Witwen/Witwer, die Versorgungsbezüge in Form einer Beamtenpension oder Hinterbliebenenrente vom ehemaligen Arbeitgeber des Verstorbenen erhalten (siehe Kapitel 10.3).

Wann ist man **kein Arbeitnehmer**? Das ist oft nicht so leicht zu beantworten. §1 Abs. 3 LStDV sagt: »Arbeitnehmer ist nicht, wer Lieferungen und sonstige Leistungen innerhalb der von ihm selbständig ausgeübten gewerblichen oder beruflichen Tätigkeit im Inland gegen Entgelt ausführt, soweit es sich um die Entgelte für diese Lieferungen und sonstigen Leistungen handelt.«

Nach welchen **Kriterien** muss man hier entscheiden? Jetzt wird es kompliziert. Das Arbeitsrecht, das Steuerrecht und das Sozialversicherungsrecht haben jeweils ihre eigene Rechtsprechung und die Aussagen stimmen nicht immer überein. Auch wer als vermeintlicher »Auftraggeber« einen Vertrag über sog. »freie Mitarbeit« geschlossen hat und darin ausdrücklich den »Auftragnehmer« für die Abführung von Steuern und Abgaben verantwortlich gemacht hat, ist noch nicht auf der sicheren Seite. Entscheidend ist nämlich immer die Ausgestaltung des Vertrags und nicht die Bezeichnung. Und wenn der Vertrag nur durch Handschlag zustande gekommen ist und der »Auftragnehmer« Rechnung legt? Auch dann muss die Tätigkeit immer auf die Kriterien einer abhängigen, weisungsgebundenen Tätigkeit geprüft werden.

Wie erlangt man **Sicherheit**? Ein erster Schritt kann darin bestehen, einen kompetenten Fachmann zu fragen. Das kann ein Rechtsanwalt oder Steuerberater sein, welcher aber immer nur auf seinem Rechtsgebiet beraten darf. Endgültige Sicherheit erlangt man nur durch eine Anrufungsauskunft beim Finanzamt (in steuerrechtlicher Hinsicht) bzw. durch ein Statusfeststellungsverfahren bei der Clearingstelle der Deutschen Rentenversicherung (in sozialversicherungsrechtlicher Hinsicht).

1.2 Arbeitsvertrag

Arbeitgeber und Arbeitnehmer schließen einen Arbeitsvertrag über die zu erbringenden Leistungen. Seit 2017 gibt es nun endlich dafür eine gesetzliche Definition. In §611a BGB heißt es: »(1) Durch den **Arbeitsvertrag** wird der Arbeitnehmer im Dienste eines anderen zur Leistung weisungsgebundener, fremdbestimmter Arbeit in persönlicher Abhängigkeit verpflichtet. Das Weisungsrecht kann Inhalt, Durchführung, Zeit und Ort der Tätigkeit betreffen. Weisungsgebunden ist, wer nicht im Wesentlichen frei seine Tätigkeit gestalten und seine Arbeitszeit bestimmen kann. Der Grad der persönlichen Abhängigkeit hängt dabei auch von der Eigenart der jeweiligen Tätigkeit ab. Für die Feststellung, ob ein Arbeitsvertrag vorliegt, ist eine Gesamtbetrachtung aller Umstände vorzunehmen. Zeigt die tatsächliche Durchführung des Vertragsverhältnisses, dass es sich um ein Arbeitsverhältnis handelt, kommt es auf die Bezeichnung im Vertrag nicht an. (2) Der Arbeitgeber ist zur Zahlung der vereinbarten Vergütung verpflichtet.«

Damit ist eigentlich alles gesagt. Man muss sich nur noch daran halten.

Muss der Arbeitsvertrag **schriftlich** vorliegen? Auch dafür gibt es eine gesetzliche Fundstelle. Im sog. Nachweisgesetz finden wir in §2 »Nachweispflicht« folgende Aussage: »(1) Der Arbeitgeber hat spätestens einen Monat nach dem vereinbarten Beginn des Arbeitsverhältnisses die wesentlichen Vertragsbedingungen schriftlich niederzulegen, die Niederschrift zu unterzeichnen und dem Arbeitnehmer auszuhändigen. In die Niederschrift sind mindestens aufzunehmen: 1. der Name und die Anschrift der Vertragsparteien, 2. der Zeitpunkt des Beginns des Arbeitsverhältnisses, 3. bei befristeten Arbeitsverhältnissen: die vorhersehbare Dauer des Arbeitsverhältnisses, 4. der Arbeitsort oder, falls der Arbeitnehmer nicht nur an einem bestimmten Arbeitsort tätig sein soll, ein Hinweis darauf, daß der Arbeitnehmer an verschiedenen Orten beschäftigt werden kann, 5. eine kurze Charakterisierung oder Beschreibung der vom Arbeitnehmer zu leistenden Tätigkeit, 6. die Zusammensetzung und die Höhe des Arbeitsentgelts einschließlich der Zuschläge, der Zulagen, Prämien und Sonderzahlungen sowie anderer Bestandteile des Arbeitsentgelts und deren Fälligkeit, 7. die vereinbarte Arbeitszeit, 8. die Dauer des jährlichen Erholungsurlaubs, 9. die Fristen für die Kündigung des Arbeitsverhältnisses, 10. ein in allgemeiner Form gehaltener Hinweis auf die Tarifverträge, Betriebs- oder Dienstvereinbarungen, die auf das Arbeitsverhältnis anzuwenden sind.«

Aber was passiert, wenn sich der Arbeitgeber nicht daran gehalten hat und der Arbeitnehmer nach einem Jahr immer noch ohne schriftlichen Arbeitsvertrag arbeitet? Dann ist der Vertrag natürlich trotzdem zustande gekommen. Schwierig wird es, wenn beide anfangen, sich zu streiten. Dann muss man vor dem Arbeitsgericht u.U. durch die Vorlage von geeigneten Unterlagen oder die Befragung von Zeugen beweisen, dass der Vertrag so und nicht anders zustande gekommen ist.

1.3 Arbeitslohn/Arbeitsentgelt

Der Arbeitsvertrag enthält Regelungen zur Vergütung des Arbeitnehmers. Darüber muss der Arbeitnehmer eine Abrechnung erhalten. Erstellen wir nun aber eine Lohnabrechnung oder eine Entgeltabrechnung? Gibt es da einen Unterschied? Ganz klar: Wir erstellen eine einheitliche Abrechnung, in der jeweils der Arbeitslohn und das Arbeitsentgelt ausgewiesen werden müssen. Der Grund ist, dass die Begriffe »Arbeitslohn« und »Arbeitsentgelt« aus verschiedenen Rechtsgebieten stammen und unterschiedlich definiert sind.

Den Begriff »**Arbeitslohn**« findet man im Steuerrecht. §2 Abs. 1 LStDV definiert: »Arbeitslohn sind alle Einnahmen, die dem Arbeitnehmer aus dem Dienstverhältnis zufließen. Es ist unerheblich, unter welcher Bezeichnung oder in welcher Form die Einnahmen gewährt werden.« Damit ist immer der Bruttolohn gemeint.

Den Begriff »**Arbeitsentgelt**« findet man im Sozialversicherungsrecht. §14 Abs. 1 Satz 1 SGB IV definiert: »Arbeitsentgelt sind alle laufenden oder einmaligen Einnahmen aus einer Beschäftigung, gleichgültig, ob ein Rechtsanspruch auf die Einnahmen besteht, unter welcher Bezeichnung oder in welcher Form sie geleistet werden und ob sie unmittelbar aus der Beschäftigung oder im Zusammenhang mit ihr erzielt werden.« Auch hier ist das Bruttoentgelt gemeint.

Ist das nicht das Gleiche? Das mag man auf den ersten Blick denken, es ist jedoch nicht ganz so einfach. Im Steuerrecht ist die Definition umfassender als im SV-Recht. Die Lohnsteuerdurchführungsverordnung erläutert in §2 LStDV noch diverse Besonderheiten, z.B. Einnahmen aus einem früheren Dienstverhältnis oder Entschädigungen für den Verlust des Arbeitsplatzes; und die Lohnsteuerhinweise (LStH) greifen Urteile des Bundesfinanzhofs (BFH) auf, in denen es um die Beurteilung als Arbeitslohn geht. Im Sozialversicherungsrecht gibt es die Sozialversicherungsentgeltverordnung (SvEV), welche ihrerseits das Arbeitsentgelt vom Arbeitslohn abgrenzt, indem sie z.B. die meisten lohnsteuerfreien und pauschalversteuerten Arbeitslohnbestandteile nicht als Arbeitsentgelt definiert.

Wie kann man sich orientieren? Grundsätzlich muss man sich bei jeder einzelnen Zuwendung, die der Arbeitnehmer vom Arbeitgeber erhält, immer die Frage stellen, inwiefern sie Arbeitslohn bzw. Arbeitsentgelt darstellt. Als erste Unterscheidungshilfe: Die Arbeitslohndefinition ist ziemlich umfassend, sie bezeichnet »**alle Einnahmen** aus dem Dienstverhältnis«, während die Arbeitsentgeltdefinition diverse Ausnahmen davon definiert. Im Einzelnen kommen wir in Kapitel 1.6 noch dazu.

1.4 Gesetzliche Grundlagen

Die Lohn- und Gehaltsabrechnung macht deshalb so viel Spaß, weil sie so vielseitig ist. Das glauben Sie nicht? Ich möchte Ihnen daher an dieser Stelle einen kleinen Überblick über die verschiedenen Rechtsgebiete verschaffen, die alle die Lohn- und Gehaltsabrechnung berühren. Fangen wir beim Bruttolohn an. Rechtsgrundlage ist das Arbeitsrecht. Allein dafür gibt es Rechtsanwälte und Betriebsräte, die sich mit nichts anderem beschäftigen.

Die entscheidende Grundlage für den Bruttolohnanspruch ist der Arbeitsvertrag. Hier herrscht grundsätzlich Vertragsfreiheit, jedoch dürfen Gesetze, Tarifverträge und Betriebsvereinbarungen nicht umgangen werden. Im Arbeitsrecht haben wir u.a. das BGB und diverse Arbeitnehmerschutzgesetze, in denen Aussagen zum Bruttolohnanspruch zu finden sind, z.B.

- das Mindestlohngesetz,
- das Bundesurlaubsgesetz,
- das Entgeltfortzahlungsgesetz,
- das Mutterschutzgesetz,
- das Jugendarbeitsschutzgesetz,
- das Arbeitnehmer-Entsendegesetz u. v. a.

Außerdem ist zu prüfen, ob für das vorliegende Dienstverhältnis ein allgemeinverbindlicher oder ggf. nur für diese Branche oder dieses Unternehmen gültiger Tarifvertrag anzuwenden ist. Wenn es im Unternehmen einen Betriebsrat gibt, dann kann dieser wiederum mit dem Arbeitgeber Betriebsvereinbarungen schließen, die besondere Arbeitslohnansprüche regeln, wie z.B. Urlaubgeld oder Weihnachtsgeld, sofern diese nicht bereits im Tarifvertrag geregelt sind. Außerdem sind weitere Rechtsnormen wie der Grundsatz der Gleichbehandlung der Arbeitnehmer zu beachten.

Als **gesetzliche Grundlage** für die steuerrechtliche Definition des Bruttoarbeitslohns kommen

- das Einkommensteuergesetz (EStG) und die
- Lohnsteuerdurchführungsverordnung (LStDV)

hinzu. Das EStG ist auch die Grundlage für den Lohnsteuerabzug, denn ein spezielles »Lohnsteuergesetz« gibt es nicht. Dann müssen wir noch

- das Solidaritätszuschlaggesetz (SolZG) und
- die Kirchensteuergesetze der einzelnen Bundesländer beachten.

Sehr hilfreich sind auch die Lohnsteuerrichtlinien (LStR) einschließlich der Lohnsteuerhinweise (LStH). Die LStR haben keinen Gesetzescharakter, sondern sie werden vom Bundesfinanzministerium erlassen und binden die Finanzverwaltung, während die Hinweise Ergänzungen enthalten, die sich i.d.R. aus der Rechtsprechung ergeben haben. Damit hat man eine sehr gute Linie, an die man sich halten kann und bei der man ziemlich sicher sein kann, dass man im Sinne der Finanzverwaltung richtig gehandelt hat.

Als gesetzliche Grundlage für die Definition des Arbeitsentgelts und den Abzug der Sozialversicherungsbeiträge gibt es das Sozialgesetzbuch (SGB), welches aus zwölf Einzelgesetzen besteht, von denen für die Lohnabrechnung folgende relevant sind:

- SGB IV: »Gemeinsame Vorschriften«
- SGB III: »Arbeitsförderung«
- SGB V: »Gesetzliche Krankenversicherung«
- SGB VI: »Gesetzliche Rentenversicherung
- SGB VII: »Gesetzliche Unfallversicherung
- SGB XI: »Gesetzliche Pflegeversicherung

sowie

- die Sozialversicherungsentgeltverordnung (SvEV) und
- die Datenerfassungs- und -übermittlungsverordnung (DEÜV).

Dann gibt es eine Reihe von weiteren Gesetzen, die ebenfalls mit der Lohnabrechnung zu tun haben, wie z.B. das Betriebsrentengesetz (BetrAVG) oder das 5. Vermögensbildungsgesetz (5. VermBG). Sollte Ihnen für einen Mitarbeiter eine Pfändungsanordnung zugestellt werden, müssen Sie sich auch noch mit der Zivilprozessordnung (ZPO) beschäftigen.

1.5 Lohn- und Gehaltsabrechnung und die einzelnen Abrechnungsschritte

Manchmal herrscht die Meinung vor, Lohn- und Gehaltsabrechnung sei ganz einfach: Man müsse nur ein paar Zahlen ins Lohnprogramm eintippen und alles andere macht der Computer. Es kann also eigentlich gar nichts schiefgehen. Wenn Sie dann aber zum ersten Mal vor Ihrem Lohnprogramm sitzen, dann werden Sie feststellen, dass Sie bei der Eingabe bestimmte Arbeitsschritte einhalten und in bestimmten Abrechnungsstufen vorgehen müssen. Dazu braucht man erst einmal Grundwissen.

Sie fangen immer mit der Einrichtung der **Stammdaten** an. Hier wird die Grundlage gelegt für die nachfolgenden Abrechnungen, die zugegebenermaßen weitestgehend automatisiert ablaufen. Dabei ist zwischen Arbeitgeber- und Arbeitnehmerstammdaten zu unterscheiden.

Zu den Arbeitgeberstammdaten gehören Angaben zum Bundesland, zum Finanzamt, zum Lohnsteuerabzug, zu den einzelnen Krankenkassen und ggf. auch Arbeitszeitmodelle.

Zu den Arbeitnehmerstammdaten gehören die persönlichen Daten, wie z.B. Gehalt oder Stundenlohn, die steuerrelevanten Daten, die SV-rechtlichen Daten sowie Angaben zu Verträgen wie z.B. vermögenswirksame Leistungen oder betriebliche Altersversorgung. Diese sind verpflichtend in einem Lohnkonto aufzuzeichnen, welches allerdings nicht mehr auf Papier geführt werden muss.

Die **Bewegungsdaten** werden monatlich erfasst. Dazu gehören z.B. bei Stundenlohnempfängern die Arbeitszeiten, Freistellungszeiten wie z.B. Krankheitszeiten oder Mutterschutz oder einmalig gewährte Zuwendungen wie Urlaubsgeld, Prämien o.ä.

Die **Lohnabrechnung** selbst ist dann nur noch ein Knopfdruck, vorausgesetzt, Sie haben vorher alles richtig eingegeben. Die Daten, die sich aus der Lohnabrechnung ergeben, sind als Bewegungsdaten im Lohnkonto des Arbeitnehmers aufzuzeichnen. Das macht Ihr Lohnprogramm tatsächlich automatisch.

Zusätzlich zur Lohnabrechnung für den Arbeitnehmer erfolgt die Ermittlung der **Arbeitgeberanteile** zur Sozialversicherung. Dazu mehr im Kapitel 3.

Anschließend erstellen Sie alle **elektronischen Meldungen**. Dazu gehören die Lohnsteueranmeldung, die Beitragsnachweise für die Krankenkassen sowie steuerliche und SV-rechtliche An-, Ab- und Unterbrechungsmeldungen für einzelne Arbeitnehmer.

Anschließend wird der **Monatsabschluss** durchgeführt; dabei werden die einzelnen Lohnkonten jeden Monat um eine Abrechnung ergänzt und zum Jahresende abgeschlossen. Zum neuen Jahr wird automatisch ein neues Lohnkonto eröffnet. Die Gesamtwerte aller Mitarbeiter werden monatlich in einem Lohnjournal zusammengefasst, das Ihnen einen Überblick über die gesamte Abrechnung des Monats bzw. Jahres für die ganze Firma gibt.

Zum **Jahresende** werden die Lohnsteuerbescheinigungen und die SV-Jahresmeldungen für alle Arbeitnehmer erstellt, zusätzlich einmalig die elektronische Meldung an die Berufsgenossenschaften (Träger der gesetzlichen Unfallversicherung).

! **Wichtig**

Zum **Jahreswechsel** brauchen Sie auf jeden Fall ein neues Update für Ihr Lohnprogramm für das neue Jahr. Da es jedes Jahr gesetzliche Neuregelungen gibt, können Sie mit der alten Version nicht weiterarbeiten!

Und zwischendurch gilt es, immer wieder **Änderungen** bei den Arbeitnehmern einzupflegen und – leider – eine Menge Papierarbeit zu erledigen. Trotz der Zunahme von elektronischen Meldungen gibt es immer noch viele Papierbescheinigungen, die ausgestellt werden müssen, z.B. für die Arbeitsagentur bzw. das Jobcenter, die Elterngeldstelle, für das BaföG-Amt, für die Wohngeldstelle, für die Ermittlung der Kita-Kosten usw.

1.6 Lohn-/Entgeltarten

Lohn kann als Geld oder Geldeswert vorliegen. Was bedeutet das? Auch Zuwendungen des Arbeitgebers, die nicht in Geld bestehen und die dem Arbeitnehmer im Rahmen seines Dienstverhältnisses zufließen, die sog. Sachbezüge, gehören grundsätzlich zum Arbeitslohn und zum Arbeitsentgelt. Das ist jeweils einzeln zu prüfen. **Geldlohn** sind alle in Geld bestehenden Lohnbestandteile, die dem Arbeitnehmer für ein aktives Dienstverhältnis (z.B. Stundenlohn oder Gehalt), aus einem früheren Dienstverhältnis (z.B. Versorgungsbezüge, sog. Betriebsrenten oder auch Abfindungen) oder auch für ein künftiges Dienstverhältnis zufließen. Hier gibt es Abweichungen zum Arbeitsentgelt, welches immer nur auf ein aktives Dienstverhältnis gerichtet ist.

Sachlohn sind alle Einnahmen in Geldeswert, d.h. der Arbeitnehmer erhält im Rahmen seines Dienstverhältnisses von seinem Arbeitgeber eine Ware oder Dienstleistung, durch die er persönlich bereichert wird und die er ansonsten von seinem versteuerten und verbeitragten Nettolohn bezahlen müsste.

1.6.1 Gehalt

Gehalt wird üblicherweise für Angestellte bezahlt und stellt einen festen Monatsbetrag dar, unabhängig von der tatsächlichen Anzahl der Arbeitstage des Monats.

1.6.2 Stundenlohn

Im Gegensatz zu Gehaltsempfängern, bei denen ein festes Monatsgehalt vereinbart ist, ist beim Stundenlohnempfänger jeden Monat aufs Neue zu ermitteln, wie viele Stunden mit dem entsprechenden Stundensatz zu bezahlen sind. Zu ermitteln sind zunächst die Soll-Stunden, bestehend aus Normal-Arbeitsstunden und auf Arbeitstage entfallende bezahlte Feiertagsstunden. Anschließend werden monatlich die Ist-Stunden für jeden Arbeitnehmer ermittelt, bestehend aus tatsächlichen Arbeitsstunden (einschließlich Überstunden), sowie bezahlten Ausfallstunden (z.B. für Urlaub, bei Krankheit und Mutterschutz). Bei Stundenlohnempfängern werden die Arbeitsstunden dann monatlich mit dem Stundenlohn multipliziert und bezahlt. Eventuelle Mehr- oder Minusstunden können beim Gehaltsempfänger, aber auch beim Stundenlohnempfänger jeweils monatlich berücksichtigt werden oder einem Stundenkonto gutgeschrieben und entweder mit Freizeitausgleich bzw. einer eigenen Überstundenauszahlung ausgeglichen werden.

1.6.3 Akkordlohn

Akkordlohn kann nur dann gezahlt werden, wenn es eine messbare Leistung gibt. Er ist in erster Linie in Produktionsbetrieben zu finden.

Akkordlohn kann als Stückakkord, Zeitakkord oder Gruppenakkord berechnet werden.

1.6.4 Prämienlohn

Prämienlohn ist eine Mischform aus Zeitlohn (Stundenlohn) und Leistungslohn. Zum vereinbarten Zeitlohn wird eine Prämie gezahlt, wenn bestimmte Ziele erreicht worden sind.

1.6.5 Zulagen

Zulagen sind Leistungen des Arbeitgebers, die zusätzlich zum vereinbarten Grundlohn oder Grundgehalt bezahlt werden. Das können sein:

- Erschwerniszulagen (z.B. wegen Hitze, Lärm, Schmutz o.ä.)
- Funktionszulagen (wegen Übernahme zusätzlicher Verantwortung)
- Leistungszulagen
- Persönliche Zulagen
- Sozialzulagen

1.6.6 Zuschläge

Zuschläge sind ebenfalls zusätzliche Zahlungen des Arbeitgebers, die als Zuschlag zum jeweiligen Stundenlohn gezahlt werden. Mit ihnen werden besondere Belastungen des Arbeitnehmers abgegolten. Gebräuchlich sind

- Überstundenzuschläge,
- Sonntags-, Feiertags-, Nachtzuschläge.

1.6.7 Zuschüsse

Zuschüsse haben i.d.R. sozialen Charakter. Sie werden gezahlt z.B.

- für vermögenswirksame Leistungen,
- für betriebliche Altersversorgung,
- als Kindergartenzuschuss,
- als Fahrtkostenzuschuss,
- als Krankengeldzuschuss.

1.6.8 Einmalige Zuwendungen

Bestimmte Zahlungen erhält der Arbeitnehmer nicht monatlich, sondern i.d.R. einmal im Jahr. Dazu gehören z.B.

- 13. oder 14. Monatsgehalt,
- Urlaubsgeld,
- Weihnachtsgeld,
- Tantiemen,
- Boni,
- Jubiläumszuwendungen,
- Zuwendungen zu Geburt oder Heirat,
- einmalig gezahlte Prämien,
- Abfindungen,
- Arbeitslohn für mehrere Kalenderjahre, der mit einer einmaligen Zahlung ausgezahlt wird.

Ob der Arbeitnehmer auf diese Zahlungen einen Rechtsanspruch hat, richtet sich nach dem Arbeits- oder Tarifvertrag. Möglicherweise hat er eine solche Leistung ohne Vorbehalt dreimal hintereinander bekommen. Dann ist eine sog. betriebliche Übung entstanden, aus der sich auch ein Rechtsanspruch für die Zukunft herleitet.

Steuerrechtlich spricht man hier von sog. sonstigen Bezügen. Die Versteuerung muss immer über die Lohnsteuerjahrestabelle in Form einer Hochrechnung auf das ganze Kalenderjahr erfolgen.

Sozialversicherungsrechtlich ist bei Einmalzahlungen immer die Beitragsbemessungsgrenze für den bisher zurückgelegten Zeitraum des Kalenderjahres (z.B. Januar bis Juni) zu beachten. Ist die jeweilige anteilige Beitragsbemessungsgrenze (jeweils für KV/PV und RV/AV) noch nicht oder genau erreicht, ist die gesamte Einmalzahlung beitragspflichtig; ist sie überschritten, ist nur der Betrag bis zur anteiligen Beitragsbemessungsgrenze beitragspflichtig. Ein vollständiges Abrechnungsbeispiel finden Sie in Kapitel 7.5.

1.6.9 Bezahlte Ausfallzeiten

Bestimmte Ausfallzeiten der Arbeitnehmer muss der Arbeitgeber aufgrund gesetzlicher Verpflichtungen bezahlen. Dazu gehören

- Urlaub gem. Bundesurlaubsgesetz (siehe Kapitel 6.1),
- bezahlte Wochenfeiertage gem. Entgeltfortzahlungsgesetz (siehe Kapitel 6.2),
- Entgeltfortzahlung bei Krankheit gem. Entgeltfortzahlungsgesetz (siehe Kapitel 6.3),
- Mutterschutz gem. Mutterschutzgesetz (siehe Kapitel 6.4),
- bezahlte Freistellungen gem. BGB, z.B. eigene Eheschließung, Todesfall eines nahen Angehörigen.

1.6.10 Sachbezüge

Sachbezüge sind wie bereits erwähnt alle nicht in Geld bestehenden Einnahmen des Arbeitnehmers, die ihm aus einem Dienstverhältnis zufließen (siehe §8 Abs. 2 und 3 EStG). Sachbezüge können sein

- die Übereignung von Waren,
- die Übereignung von Gutscheinen,
- die Überlassung von Gegenständen zum Gebrauch.

Eine ausführliche Erläuterung der einzelnen Sachbezüge finden Sie in Kapitel 8.

1.7 Der Mindestlohn

1.7.1 Grundsätzliches zum Mindestlohn

Seit dem 1.1.2015 gibt es bekanntlich den Mindestlohn. Zu seiner Einführung im Jahr 2015 betrug er 8,50 Euro pro Stunde, seit dem Jahr 2017 beträgt er 8,84 Euro pro Stunde. Er wird von der Mindestlohnkommission regelmäßig überprüft und kann entsprechend der Entwicklung der Tariflöhne angepasst werden.

Der Mindestlohn gilt bis auf wenige Ausnahmen für alle Arbeitnehmer – einschließlich der Minijobber. In den Branchen, in denen durch Mindestlohnverordnung oder allgemeinverbindliche Tarifverträge ein höherer Mindestlohn festgesetzt wurde, gilt dann entsprechend dieser höhere Lohn.

Von der Verpflichtung, Mindestlohn zu zahlen, gibt es nur wenige personelle Ausnahmen. Dazu gehören

- Auszubildende,
- Jugendliche unter 18 Jahren ohne abgeschlossene Berufsausbildung,
- Pflichtpraktikanten,
- Personen im Orientierungspraktikum bis zu drei Monaten,
- Personen im studienbegleitenden Praktikum bis zu drei Monaten,
- Personen in einer Einstiegsqualifizierung oder Berufsausbildungsvorbereitung,
- Personen, die vor Beschäftigungsbeginn langzeitarbeitslos waren, begrenzt auf bis zu sechs Monate.

Außerdem sollte man wissen, dass für alle Branchen, die unter das Schwarzarbeitsbekämpfungsgesetz fallen, besondere Aufzeichnungsvorschriften und Meldepflichten gelten. Dazu gehören folgende Branchen:

- Baugewerbe
- Gaststätten- und Beherbergungsgewerbe
- Personenbeförderungsgewerbe
- Speditions-, Transport- und damit verbundene Logistikgewerbe
- Schaustellergewerbe
- Unternehmen der Forstwirtschaft
- Gebäudereinigungsgewerbe
- Unternehmen, die sich am Auf- und Abbau von Messen und Ausstellungen beteiligen
- Fleischwirtschaft

Die Zollbehörden prüfen die Einhaltung des Mindestlohngesetzes.

1.7.2 Berechnung des Mindestlohns

Bei der Vereinbarung eines Stundenlohns ist die Einhaltung des Mindestlohns leicht zu prüfen. Wie aber berechnet man den Mindestlohn bei einem monatlichen Festlohn? Dabei kann man von einem verstetigten Monatslohn bei Zugrundelegung einer sog. »Normalzeit« ausgehen.

Wenn man prüfen will, ob bei einem Arbeitnehmer mit einem Festlohn von 1.550 Euro monatlich bei einer 40-Stunden-Woche der Mindestlohn eingehalten wurde, geht man folgendermaßen vor:

- Man ermittelt die sog. »Normalzeit«, indem man jeden Monat mit 4,33 Wochen ansetzt.
  - Bei einer quartalsmäßige Betrachtung teilt man 13 Wochen durch 3 Monate = 4,33.
- Multiplikation der wöchentlichen Arbeitszeit mit 4,33:
  - 40 Stunden x 4,33 = 173,33 Stunden/Monat (Normalzeit).
- Anschließend teilt man den Bruttolohn durch die Normalstunden:
  - 1.550 Euro : 173,33 Stunden = 8,94 Euro/Stunde.

Einen entsprechenden Mindestlohnrechner, der nach genau diesem Schema vorgeht, finden Sie auf der Internetseite des Bundesministeriums für Arbeit und Soziales unter http://www.bmas.de/DE/Themen/Arbeitsrecht/Mindestlohn/Rechner/mindestlohn-rechner.html.

Arbeitshilfen online

Diesen Link sowie die weiteren Links des Buchs finden Sie in einer Linkliste auf Arbeitshilfen online.

ARBEITS-HILFE ONLINE

2 Grundlagen der Lohnbesteuerung

Nachdem wir den Bruttolohn ermittelt haben, folgen die Abzüge. Lohnsteuer, Solidaritätszuschlag und Kirchensteuer gehören neben den Sozialversicherungsabzügen (siehe Kapitel 3) zu den sog. gesetzlichen Abzügen, d. h., der Arbeitgeber ist gesetzlich verpflichtet, diese Abzüge vorzunehmen.

2.1 Lohnsteuer als Sonderform der Einkommensteuer

Bei der Lohnsteuer handelt es sich nicht um eine eigene Steuerart, sondern um eine besondere Erhebungsform der Einkommensteuer (sog. Quellensteuer). D. h., die Steuer wird bereits an der Quelle – dem Arbeitslohn – erhoben. Der Arbeitgeber ist gesetzlich dazu verpflichtet, bei jeder Lohn- und Gehaltsabrechnung Lohnsteuer zu berechnen, abzuziehen und an die Finanzkasse des für ihn zuständigen Betriebsstättenfinanzamts zu überweisen. Die Lohnsteuer wird nur für Arbeitnehmer erhoben und hat die Wirkung einer Einkommensteuervorauszahlung. Reicht der Arbeitnehmer seine Einkommensteuererklärung ein, wird die bereits gezahlte Lohnsteuer für dieses Kalenderjahr von der zu zahlenden Einkommensteuer abgezogen. Meistens ergibt sich bei Arbeitnehmern eine Erstattung, da die bereits gezahlte Lohnsteuer zu hoch war.

2.2 Persönliche Steuerpflicht – Arbeitnehmer

Die persönliche Steuerpflicht ergibt sich aus § 1 und § 1a EStG und betrifft den Arbeitnehmer als natürliche Person. Grundsätzlich ist also bei allen Arbeitnehmern Lohnsteuer zu erheben. Diese kann ggf. 0 Euro betragen oder auch pauschal erhoben und vom Arbeitgeber getragen werden.

Arbeitnehmer können unbeschränkt oder beschränkt steuerpflichtig sein. Unbeschränkt Steuerpflichtige haben ihren Wohnsitz oder gewöhnlichen Aufenthalt im Inland. Diese Arbeitnehmer müssen ihrem Arbeitgeber ihre steuerliche Identifikationsnummer (ID-Nummer) zum Abruf der elektronischen Lohnsteuerabzugsmerkmale vorlegen. Beschränkt steuerpflichtige

Arbeitnehmer, die ihren Wohnsitz oder gewöhnlichen Aufenthalt nicht im Inland haben, erhalten auf Antrag eine besondere Bescheinigung für den Lohnsteuerabzug, welche vom Betriebsstättenfinanzamt des Arbeitgebers ausgestellt wird.

2.3 Sachliche Steuerpflicht – Arbeitslohn

Die sachliche Steuerpflicht ergibt sich aus §2 Abs. 1 Nr. 4 EStG und betrifft die Einnahmen des Arbeitnehmers in Form des Arbeitslohns. Arbeitslohn wird definiert im §2 LStDV. Arbeitslohn kann steuerpflichtig oder steuerfrei sein. Steuerpflichtiger Arbeitslohn wiederum kann individuell oder pauschal versteuert werden (siehe Kapitel 2.10). Das ist jeweils gesondert zu prüfen. Alle Regelungen dazu finden sich im Einkommensteuergesetz. Vorrangig ist immer die individuelle Besteuerung nach Lohnsteuerabzugsmerkmalen.

In der nachfolgenden Tabelle finden Sie gesetzliche Grundlagen für die Lohnsteuerfreiheit von Arbeitslohn:

Steuerfreier Arbeitslohn	
Gesetzliche Grundlage	**Tatbestand**
§3 Nr. 1 Bst. d EStG	Zuschuss zum Mutterschaftsgeld
§3 Nr. 2 Bst. a EStG	Kurzarbeitergeld
§3 Nr. 2 Bst. b EStG	Insolvenzgeld
§3 Nr. 11 EStG	Unterstützung wegen Hilfsbedürftigkeit
§3 Nr. 16 EStG	Erstattungen von Reisekosten, Umzugskosten bei doppelter Haushaltführung
§3 Nr. 26 EStG	Nebenberufliche Tätigkeit als Übungsleiter bis 2.400 Euro jährlich
§3 Nr. 30 EStG	Werkzeuggeld
§3 Nr. 31 EStG	Berufsbekleidung
§3 Nr. 32 EStG	Unentgeltliche Sammelbeförderung
§3 Nr. 33 EStG	Betreuungskosten nicht schulpflichtiger Kinder

Steuerfreier Arbeitslohn	
Gesetzliche Grundlage	**Tatbestand**
§3 Nr. 34 EStG	Betriebliche Gesundheitsförderung bis 500 Euro jährlich
§3 Nr. 34a EStG	Betreuungskosten bei Kindern und pflegebedürftigen Familienangehörigen
§3 Nr. 38 EStG	Sachprämien durch Kundenbindungsprogramme bis 1.080 Euro jährlich
§3 Nr. 39 EStG	Vermögensbeteiligungen bis 360 Euro jährlich
§3 Nr. 45 EStG	Private Nutzung von betrieblichen Datenverarbeitungsgeräten und Telekommunikationsgeräten
§3 Nr. 50 EStG	Auslagenersatz
§3 Nr. 51 EStG	An Arbeitnehmer von Dritten gezahlte Trinkgelder
§3 Nr. 56 EStG	Zuwendungen des Arbeitgebers zu nicht kapitalgedeckten Pensionskassen
§3 Nr. 62 EStG	Arbeitgeberanteile zur Sozialversicherung bzw. privaten Kranken- und Pflegeversicherung
§3 Nr. 63 EStG	Arbeitgeberleistungen zu Pensionsfonds, Pensionskasse oder Direktversicherung (kapitalgedeckte betriebliche Altersversorgung – siehe Kapitel 9)
§3b EStG	Sonntags-, Feiertags- und Nachtzuschläge (bis zu bestimmten Grenzen)
§8 Abs. 2 S. 11 EStG	Geringfügige Sachbezüge bis 44 Euro monatlich – siehe Kapitel 8.3.3 und 8.9
§8 Abs. 3 EStG	Rabattfreibetrag in Höhe von 1.080 Euro jährlich – siehe Kapitel 8.8

Tab. 1: Steuerfreier Arbeitslohn

2.4 Lohnsteuerabzugsmerkmale

Arbeitnehmern wurde letztmalig für das Jahr 2010 von der zuständigen Gemeinde eine Lohnsteuerkarte ausgestellt und übersandt. Die auf den Steuerkarten aufgedruckten Lohnsteuerabzugsmerkmale wurden damals in einer zentralen Datenbank beim Bundeszentralamt für Steuern eingepflegt und gespeichert und seit 2013 ruft der Arbeitgeber diese Daten elektronisch aus dieser Datenbank ab. Der Arbeitnehmer muss beim Arbeitgeber seine steuerliche Identifikationsnummer und sein Geburtsdatum angeben, damit der Arbeitgeber diesen Abruf vornehmen kann. Zurückgemeldet werden die »ELStAM« des Arbeitnehmers, die sog. elektronischen Lohnsteuerabzugsmerkmale. Diese beinhalten:

- die Lohnsteuerklasse,
- ggf. den Faktor bei Steuerklasse IV,
- ggf. die Zahl der Kinderfreibeträge,
- ggf. die Kirchensteuerabzugsmerkmale,
- ggf. der vom Arbeitgeber abzuziehende Freibetrag oder
- ggf. der vom Arbeitgeber zu berücksichtigende Hinzurechnungsbetrag.

Wenn der Arbeitnehmer dem Arbeitgeber seine steuerliche ID-Nummer nicht mitteilt, kann der Arbeitgeber die ELStAM nicht abrufen. In diesen Fällen ist der Arbeitgeber verpflichtet, die Steuerklasse VI anzuwenden.

Für alle Steuerpflichtigen, deren steuerliche ID-Nummer nicht vorliegt, hat das Bundeszentralamt für Steuern im ELStER-Online-Portal die Funktion »Abfrage der Identifikations-Nummer« zur Verfügung gestellt.

2.5 Lohnsteuerklassen

Durch das System der Steuerklassen wird erreicht, dass unterschiedliche Einkommensteuertarife (Grund- und Splittingtarif) sowie verschiedene Frei- und Pauschbeträge gleich in den Steuertabellen berücksichtigt werden.

Für die Durchführung des Lohnsteuerabzugs werden Arbeitnehmer in Steuerklassen eingereiht. Die Regelungen für Ehegatten gelten auch für eingetragene Lebenspartnerschaften. Es werden folgende Steuerklassen unterschieden:

- Steuerklasse I: Ledige, Geschiedene, dauernd getrennt lebende Ehepartner und Verwitwete, deren Ehegatte vor dem 1.1. des Vorjahres verstorben ist, sowie beschränkt Steuerpflichtige.

- Steuerklasse II: alle unter Steuerklasse I genannten Arbeitnehmer, wenn bei ihnen ein Entlastungsbetrag für Alleinerziehende zu berücksichtigen ist.
- Steuerklasse III: verheiratete Arbeitnehmer, die nicht dauernd getrennt leben, wenn der Ehegatte keinen Arbeitslohn bezieht oder in Steuerklasse V eingereiht ist.
- Steuerklasse IV: verheiratete Arbeitnehmer, wenn beide Arbeitslohn beziehen und nicht dauernd getrennt leben. Die Steuerklassenkombination IV/IV empfiehlt sich für Ehegatten, die annähernd den gleichen Bruttolohn haben. (Option: Steuerklasse IV mit Faktor)
- Steuerklasse V: verheiratete Arbeitnehmer, wenn der Ehegatte in Steuerklasse III eingereiht ist.
- Steuerklasse VI: Arbeitnehmer, die neben ihrer Hauptbeschäftigung ein zweites Dienstverhältnis haben, sowie Arbeitnehmer, die ihre steuerliche ID-Nummer nicht vorgelegt haben.

Faktorverfahren bei Steuerklasse IV

Seit 2010 können Ehegatten auf Antrag das Faktorverfahren bei der Steuerklasse IV wählen. Das ist zu empfehlen, wenn beide Ehegatten unterschiedlich viel verdienen, sich aber nicht für die Kombination III/V entscheiden wollen. Beim Faktorverfahren wird vorausschauend für das Kalenderjahr die voraussichtlich zu zahlende Einkommensteuer nach dem Splittingtarif ermittelt und dann durch die für das ganze Kalenderjahr voraussichtlich zu zahlende Lohnsteuer in der Steuerklasse IV für beide Ehegatten geteilt. Der sich dabei ergebende Wert wird als Faktor (kleiner 1 mit drei Nachkommastellen) bei beiden Ehegatten als Ergänzung zur Steuerklasse IV eingetragen und mindert bereits im Lohnsteuerabzugsverfahren die Lohnsteuer. Steuern sparen kann man damit aber nicht! Die Steuerlast wird nur gleichmäßig über das Jahr auf beide Ehegatten verteilt. Auf www.bundesfinanzministerium.de befindet sich ein Lohn- und Einkommensteuerrechner, mit dem Sie sich »Ihren« Faktor selbst berechnen können, vorausgesetzt, Sie sind verheiratet und beziehen beide Arbeitslohn (https://www.bmf-steuerrechner.de/).

Arbeitshilfen online

Ein Beispiel für eine Faktorberechnung finden Sie auf Arbeitshilfen online.

ARBEITS-HILFE ONLINE

2.6 Lohnsteuertabellen – Programmablaufpläne

Brauchen wir noch Lohnsteuertabellen? Das macht doch alles der Computer! In der Tat sind die Zeiten, in denen der Lohnbuchhalter dicke Tabellenbücher im Schreibtisch zu liegen hatte, aus denen monatlich jeweils die Lohnsteuer abgelesen werden musste, vorbei. Diese brauchen Sie wirklich nicht mehr. Aber die »Tabellen« gibt es schon noch, nur in anderer Form.

Das Bundesfinanzministerium gibt jährlich einen Programmablaufplan heraus, nach welchem verbindlich die Lohnsteuer, der Solidaritätszuschlag und die Kirchensteuer ermittelt werden. Dieser Programmablaufplan ist die Grundlage für alle Anbieter von Lohnabrechnungsprogrammen. Es gibt auch immer noch gedruckte Tabellen, zum Üben sozusagen. Diese gedruckten Tabellen enthalten jedoch nur Näherungswerte, es kann immer geringfügige Abweichungen zu den Programmablaufplänen geben.

Die »Lohnsteuertabellen« werden für den Monat, den Tag bzw. das Jahr bereitgestellt.

- Die Monatstabelle brauchen wir für den laufenden monatlichen Lohnsteuerabzug;
- die Tagestabelle für Teillohnzahlungszeiträume (wenn ein Arbeitnehmer im Laufe des Monats eingetreten oder ausgeschieden ist – man muss die Lohnsteuer dann für einzelne Kalendertage ermitteln);
- die Jahrestabelle zur Besteuerung sonstiger Bezüge wie Urlaubsgeld, Weihnachtsgeld o. ä. und für den Lohnsteuerjahresausgleich am Jahresende, wenn die Lohnsteuer bei schwankenden Bezügen noch einmal für das ganze Jahr »geglättet« wird.

In die Lohnsteuertabellen bzw. Programmablaufpläne sind bestimmte Freibeträge von vornherein eingearbeitet. Das sind:

- der tarifliche Grundfreibetrag (§ 32a Abs. 1 EStG) von 8.820 Euro im Jahr 2017 (2018: 9.000 Euro) in den Steuerklassen I, II und IV sowie 17.640 Euro in der Steuerklasse III (2018: 18.000 Euro); in den Steuerklassen V und VI gibt es keinen Grundfreibetrag;
- der Arbeitnehmerpauschbetrag (§ 9a S. 1 Nr. 1 Bst. a EStG) in Höhe von 1.000 Euro in den Steuerklassen I bis V, nicht jedoch in der Steuerklasse VI;

- der Sonderausgaben-Pauschbetrag (§10c EStG) in Höhe von 36 Euro in den Steuerklassen I, II und IV, von 72 Euro in der Steuerklasse III;
- die allgemeine Vorsorgepauschale (§39b Abs. 2 S.5 Nr. 3 EStG), die sich zusammensetzt aus dem
  - Teilbetrag zur gesetzlichen Rentenversicherung, bezogen auf den Arbeitslohn,
    bei Arbeitnehmern, die nicht gesetzlich rentenversicherungspflichtig sind (z.B. Beamte), entfällt der Teilbetrag zur Rentenversicherung (§39b Abs. 2 S.5 Nr. 3a EStG),
  - Teilbetrag zur Krankenversicherung (gesetzlich oder privat),
  - Teilbetrag zur Pflegeversicherung (gesetzlich oder privat);
- der Entlastungsbetrag für Alleinerziehende (§24b Abs. 1 EStG) in Höhe von 1.908 Euro in der Steuerklasse II.

2.7 Solidaritätszuschlag

Das Solidaritätszuschlaggesetz verpflichtet den Arbeitgeber, bei jeder Lohnzahlung neben der Lohnsteuer den Solidaritätszuschlag zu erheben, einzubehalten und an das Finanzamt abzuführen. Der Solidaritätszuschlag beträgt 5,5% der Lohnsteuer. Bei geringen Arbeitslöhnen sind die sog. Nullzone und der Überleitungsbereich zu beachten. Außerdem mindern die Kinderfreibeträge die Bemessungsgrundlage für den Solidaritätszuschlag, sodass es nicht immer ohne Weiteres möglich ist, den Solidaritätszuschlag selbst zu berechnen. Die entsprechenden Werte wurden bereits in die Tabellen bzw. den Programmablaufplan eingearbeitet.

2.8 Kirchensteuer

Die als Körperschaften des öffentlichen Rechts anerkannten Religionsgemeinschaften dürfen von ihren Mitgliedern Steuern erheben. Rechtsgrundlage sind die landesrechtlichen Kirchensteuergesetze. Es gibt keine bundeseinheitliche Rechtsgrundlage. Bei Arbeitnehmern, die der Kirchensteuerpflicht unterliegen, ist neben der Lohnsteuer Kirchensteuer einzubehalten, abzuziehen und an das Finanzamt abzuführen. Die Kirchensteuer wird prozentual von der Lohnsteuer erhoben. Der Prozentsatz der Kirchensteuer ist in den

Bundesländern unterschiedlich, in Bayern und Baden-Württemberg beträgt der Kirchensteuersatz 8%, in allen anderen Bundesländern 9% der Lohnsteuer. Auch hier mindern die Kinderfreibeträge die Bemessungsgrundlage für die Erhebung der Kirchensteuer.

Die Kirchensteuer kann im Nachweisverfahren und im vereinfachten Verfahren erhoben werden. Beim Nachweisverfahren ist bei jeder Lohnversteuerung die Kirchensteuer anhand der persönlichen Eintragungen in den ELStAM des einzelnen Arbeitnehmers zu ermitteln. Das vereinfachte Verfahren kann in den Fällen der Lohnsteuerpauschalierung (siehe Kapitel 2.10) in Frage kommen. Entscheidet sich der Arbeitgeber für die Vereinfachung, so hat er in allen Fällen der Lohnsteuerpauschalierung für sämtliche Arbeitnehmer, unabhängig davon, ob sie einer kirchensteuererhebenden Religionsgemeinschaft angehören oder nicht, Kirchensteuer zu entrichten. Dafür gelten ermäßigte Kirchensteuersätze, die in den einzelnen Bundesländern unterschiedlich hoch sind:

4%	Hamburg
5%	Berlin, Brandenburg, Mecklenburg-Vorpommern, Sachsen, Sachsen-Anhalt und Thüringen
6%	Baden-Württemberg (ab 1.1.2018: 5,5%), Niedersachsen und Schleswig-Holstein
7%	Bayern, Bremen, Hessen, Nordrhein-Westfalen, Rheinland-Pfalz und Saarland

Für den Kirchensteuerabzug vom Arbeitslohn gilt das Betriebsstättenprinzip, d.h., der Arbeitgeber hat die Kirchensteuer nach dem für die Betriebsstätte maßgebenden Steuersatz einzubehalten, auch wenn der Arbeitnehmer in einem anderen Bundesland wohnt und dort andere Sätze gelten.

2.9 Kinderfreibeträge

Kinderfreibeträge spielen nur für die Ermittlung von Solidaritätszuschlag und Kirchensteuer eine Rolle. Die Lohnsteuer ist unabhängig von der Anzahl der Kinderfreibeträge zu ermitteln. Ein ganzer Kinderfreibetrag beträgt ab 2017 4.716 Euro, dazu kommt der jährliche Freibetrag für Betreuung und Erziehung in Höhe von 2.640 Euro pro Kind. In der Steuerklasse III wirkt sich der Freibetrag voll aus, in der Steuerklasse V gar nicht. Bei der Steuerklassenkombination IV/IV teilen sich die Eltern den Kinderfreibetrag bei einem Zähler von 1,0. Bei nicht verheirateten Eltern werden die Kinderfreibeträge geteilt, z. B. I/0,5 bei beiden zusammenlebenden Eltern.

2.10 Pauschalversteuerung

In bestimmten Fällen kann Arbeitslohn pauschal versteuert werden. Grundsätzlich hat zwar die individuelle Besteuerung Vorrang, denn Pauschalversteuerung ist immer ein Wahlrecht. Aber manchmal ist Pauschalversteuerung günstiger – für den Arbeitnehmer, ggf. auch für den Arbeitgeber oder für beide – und dann sollte man sich dafür entscheiden.

Sämtliche Regelungen zur Pauschalversteuerung finden sich im Einkommensteuergesetz. Die pauschalen Steuersätze sind unterschiedlich hoch, von 2% für geringfügig Beschäftigte (mehr dazu in Kapitel 5.6) bis zu 30% für Sachzuwendungen und Geschenke (mehr dazu in Kapitel 8.12), sie können vom Arbeitgeber getragen werden oder auf den Arbeitnehmer abgewälzt werden.

Zu der pauschalen Lohnsteuer kommt (außer bei der einheitlichen Pauschsteuer für geringfügig entlohnt Beschäftigte in 450-€-Jobs) jeweils der Solidaritätszuschlag in Höhe von 5,5% und die Kirchensteuer im Nachweisverfahren oder vereinfachten Verfahren hinzu.

Zusammenfassung aller Pauschalierungstatbestände

Gesetzliche Grundlage	Prozentsatz	Pauschalierungstatbestand
§40 Abs. 1 S. 1 Nr. 1 EStG	Individueller Pauschsteuersatz	Auf Antrag des Arbeitgebers bei sonstigen Bezügen bis 1.000 Euro
§40 Abs. 1 S. 1 Nr. 2 EStG	Individueller Pauschsteuersatz	Bei Nacherhebung von Lohnsteuer in einer größeren Zahl von Fällen
§40 Abs. 2 S. 2 EStG	15%	Fahrten zwischen Wohnung und erster Tätigkeitsstätte (siehe Kapitel 8.2.3 und 8.3)

Zusammenfassung aller Pauschalierungstatbestände		
Gesetzliche Grundlage	**Prozentsatz**	**Pauschalierungstatbestand**
§40 Abs. 2 S.1 Nr. 1 EStG	25%	Mahlzeiten im Betrieb (siehe Kapitel 8.6 und 8.7)
§40 Abs. 2 S.1 Nr. 1a EStG	25%	Mahlzeiten bei Auswärtstätigkeit
§40 Abs. 2 S.1 Nr. 2 EStG	25%	Betriebsveranstaltungen (siehe Kapitel 8.11)
§40 Abs. 2 S.1 Nr. 3 EStG	25%	Erholungsbeihilfen
§40 Abs. 2 S.1 Nr. 4 EStG	25%	Verpflegungspauschalen, die die zustehenden Pauschalen um nicht mehr als 100% überschreiten
§40 Abs. 2 S.1 Nr. 5 EStG	25%	Übereignung von Datenverarbeitungsgeräten und Telekommunikation
§40 Abs. 2 S.1 Nr. 6 EStG	25%	Übereignung von Ladevorrichtungen für Elektrofahrzeuge
§40a Abs. 1 EStG	25%	Kurzfristig Beschäftigte
§40a Abs. 2 EStG	2%	Geringfügig entlohnt Beschäftigte, sog. 450-Euro-Jobs
§40a Abs. 2a EStG	20%	Mehrere 450-Euro-Jobs bei Überschreiten der 450-Euro-Grenze
§40a Abs. 3 EStG	5%	Aushilfskräfte in der Landwirtschaft
§40b Abs. 1 und 2 EStG	20%	Nicht kapitalgedeckte Pensionskasse
§40b Abs. 3 EStG	20%	Gruppenunfallversicherung
§40b EStG in der am 31.12.2004 gültigen Fassung	20%	»Alte« Direktversicherung und Pensionskasse
§37a EStG	2,25%	Sachprämien aus Kundenbindungsprogrammen (»miles & more«)
§37b EStG	30%	Incentives und Geschenke an Geschäftsfreunde und Arbeitnehmer

Tab. 2: Zusammenfassung aller Pauschalierungstatbestände

3 Grundlagen der Sozialversicherung

Die Sozialversicherung ist ein wesentlicher Bestandteil der sozialen Sicherung der Bevölkerung in Deutschland. Wirtschaftliche Sicherung bei Krankheit, Mutterschaft, Arbeitslosigkeit, Minderung der Erwerbstätigkeit, Alter und Pflegebedürftigkeit wird damit garantiert.

Die Aufgaben der Sozialversicherung hat der Staat auf bestimmte Körperschaften des öffentlichen Rechts übertragen, sog. Versicherungsträger. Diese arbeiten nach dem System der Selbstverwaltung. Die rechtlichen Rahmenbedingungen zur Sozialversicherung unterliegen dem Staat.

3.1 Grundsätze der Versicherungspflicht

Die Versicherungspflicht entsteht kraft Gesetzes und erfasst in erster Linie Arbeitnehmer, die gegen Arbeitsentgelt beschäftigt werden, und die zu ihrer Berufsausbildung Beschäftigten (§ 2 SGB IV). Dabei sind die Vorschriften für die einzelnen Versicherungszweige zu beachten.

Wer gegen Arbeitsentgelt als Arbeitnehmer beschäftigt ist, ist kraft Gesetzes – unabhängig vom Willen der Beteiligten – versicherungspflichtig. Der Gesetzgeber unterstellt hier ein Bedürfnis für den Versicherungsschutz.

Die Pflichtversicherung kann nicht vertraglich ausgeschlossen werden und gilt selbst dann als zustande gekommen, wenn der Arbeitgeber die Anmeldung nicht vorgenommen und die Beiträge nicht gezahlt hat.

3.2 Beitragserhebung

Finanziert werden die Leistungen der Sozialversicherung hauptsächlich durch Beiträge. Grundprinzip der Sozialversicherung ist, dass die Beiträge nicht nach dem Wert der zu erwartenden Leistungen, sondern nach der Höhe des Einkommens des Versicherten bemessen werden. Ein Anspruch auf

Leistungen ergibt sich individuell, alle Sozialversicherten können Leistungen im selben Umfang beanspruchen.

Die Höhe der Beiträge richtet sich nach den jeweils gültigen Beitragssätzen, den aktuellen Beitragsbemessungsgrenzen und dem beitragspflichtigen Bruttoarbeitsentgelt des Arbeitnehmers. Die Beitragsbemessungsgrenzen für die Sozialversicherung ändern sich jährlich, die Beitragssätze können sich u. U. auch innerhalb des Jahres ändern.

Lediglich in der Kranken- und Pflegeversicherung besteht ab einem bestimmten Bruttoentgelt (sog. Jahresarbeitsentgeltgrenze) die Möglichkeit, sich zwischen privater und gesetzlicher Versicherung zu entscheiden.

Die Beiträge zur Sozialversicherung werden in der Renten- und Arbeitslosenversicherung in der Regel je zur Hälfte vom Arbeitgeber und vom Arbeitnehmer gezahlt. Davon gibt es diverse Ausnahmen, z. B. weiterbeschäftigte Rentner, sog. Geringverdiener, Bezieher von Kurzarbeitergeld u. a. In der Kranken- und Pflegeversicherung ist der Halbteilungsgrundsatz seit dem Jahr 2005 aufgehoben.

3.3 Beitragsabführung

Damit der Verwaltungsaufwand so gering wie möglich ist, haben die Krankenkassen die Funktion der Einzugsstelle des Gesamtsozialversicherungsbeitrags. Daher werden alle Sozialversicherungsbeiträge grundsätzlich an die Krankenkasse des Mitarbeiters abgeführt. Eine Ausnahme besteht bei den geringfügig Beschäftigten, den sog. Minijobs, bei denen die Deutsche Rentenversicherung Knappschaft-Bahn-See »Minijob-Zentrale« zuständig ist (siehe Kapitel 5.6). Die zuständige Krankenkasse (= Einzugsstelle) verteilt die Beiträge wiederum auf die einzelnen Träger der Sozialversicherung bzw. an den Gesundheitsfonds.

3.4 Der Gesundheitsfonds

Der Gesundheitsfonds ist am 1. Januar 2009 gestartet. Er ist die zentrale Stelle, welche die Geldmittel der gesetzlichen Krankenversicherung verwaltet, und fällt unter die Zuständigkeit des Bundesversicherungsamts. Der Gesundheitsfonds wird in erster Linie aus den Krankenversicherungsbeiträgen gespeist, aber auch aus den Beiträgen der Rentner, der Minijobs, der Arbeitslosen und der freischaffenden Künstler über die Künstlersozialversicherung.

Die Geldmittel aus dem Gesundheitsfonds werden auf die Krankenkassen gemäß ihrer Versichertenstruktur verteilt.

3.5 Beitragssätze

Die Beitragssätze der jeweiligen Sozialversicherungszweige werden gesetzlich festgelegt. Sie können sich jährlich ändern.

Beitragssätze im Jahr 2017

	Gesamt	**Arbeitnehmer**	**Arbeitgeber**
Krankenversicherung	14,6%	7,3% zzgl. kassenindividueller Zusatzbeitrag	7,3%
Rentenversicherung	18,7%	9,35%	9,35%
Arbeitslosenversicherung	3,0%	1,5%	1,5%
Pflegeversicherung	2,55%	1,275% zzgl. ggf. 0,25% Zuschlag für Kinderlose über 23 Jahre	1,275%

Tab. 3: Betragssätze im Jahr 2017

Im Jahr 2018 hat sich der Beitragssatz in der gesetzlichen Rentenversicherung auf 18,6% verringert. Die anderen Beitragssätze bleiben für 2018 unverändert.

Was ist der kassenindividuelle Zusatzbeitrag?

Soweit der Finanzbedarf einer Krankenkasse durch die Zuweisungen aus dem Gesundheitsfonds nicht gedeckt ist, hat sie von ihren Mitgliedern einen Zusatzbeitrag zu erheben. Der Zusatzbeitrag wird in Prozent von den beitragspflichtigen Einnahmen des Mitglieds erhoben. Die Höhe des Zusatzbeitrags regelt jede Krankenkasse selbst in ihrer Satzung. Die Höhe bzw. Änderung der Zusatzbeiträge müssen die Krankenkassen den Mitgliedern jeweils vorab mitteilen. Eine Übersicht der Zusatzbeiträge aller Krankenkassen findet man unter www.gkv-spitzenverband.de.

3.6 Beitragsbemessungsgrenzen

Für die Berechnung der Beiträge zur Sozialversicherung wird das sozialversicherungspflichtige Bruttoarbeitsentgelt herangezogen. Dabei gibt es unterschiedliche Beitragsbemessungsgrenzen, zum einen für die Kranken- und Pflegeversicherung, zum anderen für die Renten- und Arbeitslosenversicherung. In der Renten- und Arbeitslosenversicherung gibt es auch noch unterschiedliche Rechengrößen für die alten und neuen Bundesländer (siehe Kapitel 3.10.6). Beiträge werden bis zur Höhe der Bemessungsgrenzen erhoben, der über der jeweiligen Beitragsbemessungsgrenze liegende Teil des Arbeitsentgelts bleibt beitragsfrei. Die Beitragsbemessungsgrenzen ändern sich jährlich.

Beitragsbemessungsgrenzen 2017		
	Monatlich	**Jährlich**
Kranken- und Pflegeversicherung	4.350,00 EUR	52.200,00 EUR
Renten- und Arbeitslosenversicherung West	6.350,00 EUR	76.200,00 EUR
Renten- und Arbeitslosenversicherung Ost	5.700,00 EUR	68.400,00 EUR

Tab. 4: Beitragsbemessungsgrenzen 2017

Beitragsbemessungsgrenzen 2018		
	Monatlich	**Jährlich**
Kranken- und Pflegeversicherung	4.425,00 EUR	53.100,00 EUR
Renten- und Arbeitslosenversicherung West	6.500,00 EUR	78.000,00 EUR
Renten- und Arbeitslosenversicherung Ost	5.800,00 EUR	69.600,00 EUR

Tab. 5: Beitragsbemessungsgrenzen 2018

3.7 Meldepflichten

Den Arbeitgebern wurden vom Gesetzgeber die Melde- und Beitragspflichten für ihre versicherungspflichtigen Beschäftigten übertragen. Die Meldungen dürfen nur noch elektronisch an die jeweilige Einzugsstelle (i.d.R. die Krankenkasse des Mitarbeiters, bei Minijobs die Bundesknappschaft) abgegeben werden, entweder über systemgeprüfte Lohnsoftware oder das kostenlose Internetportal SV-net.

Das Meldeverfahren umfasst verschiedene Meldearten. Man unterscheidet

- Anmeldung (siehe Kapitel 4.2),
- Abmeldung,
- Jahresmeldung,
- Unterbrechungsmeldung,
- Sondermeldungen, z. B. in Insolvenzfällen.

Zur Meldung muss der Arbeitgeber Folgendes angeben:

- Versicherungsnummer
- Meldegrund
- Beginn der Beschäftigung
- Betriebsnummer des Arbeitgebers
- Personengruppenschlüssel
- ggf. Angaben zur Mehrfachbeschäftigung
- Beitragsgruppenschlüssel in der Reihenfolge: KV, RV, AV, PV
- Tätigkeitsschlüssel
- Staatsangehörigkeitsschlüssel

Meldung zur Sozialversicherung

10 Belegart

* Hinweise siehe Rückseite

Beim Ausfüllen mit der Schreibmaschine können Sie fortlaufend schreiben; Sie brauchen die Kästchen dabei nicht zu beachten!

Wichtiger Hinweis bei der erstmaligen Erhebung von Daten:
Die hiermit angeforderten personenbezogenen Daten werden unter Beachtung des Bundesdatenschutzgesetzes erhoben; ihre Kenntnis ist zur Durchführung des Meldeverfahrens nach Maßgabe des Vierten Buches Sozialgesetzbuch sowie der Datenerfassungs- und -übermittlungs-Verordnung erforderlich.

Versicherungsnummer | Personalnummer (freiwillige Angabe)

Name, Vorsatzwort, Namenszusatz, Titel (Trennung durch Kommata)

Vorname

Straße und Hausnummer ***(Anschrift nur bei Anmeldung und Anschriftenänderung)***

(Land) | Postleitzahl | Wohnort

Grund der Abgabe* | **Kontrollmeldung** ☐ | **Sofortmeldung** ☐ | **Namensänderung** ☐ | **Änderung der Staatsangehörigkeit** ☐

Beschäftigungszeit
von | bis | Betriebsnummer des Arbeitgebers | Personengruppe* | Mehrfachbeschäftigung ☐ | Betriebsstätte Ost ☐ | West ☐

Nur bei Sozialversicherungspflicht ausfüllen:

Beitragsgruppen* KV RV ALV PV | Angaben zur Tätigkeit | Schlüssel der Staatsangehörigkeit*

Beitragspflichtiges Bruttoarbeitsentgelt
(in DM ohne Pfennige / Euro ohne Cent) DM ☐ Euro ☐

Stornierung einer bereits abgegebenen Meldung Es wurde gemeldet: **Grund der Abgabe**

von | bis | Betriebsnummer des Arbeitgebers | Personengruppe* | Mehrfachbeschäftigung ☐ | Betriebsstätte Ost ☐ | West ☐

Nur bei Sozialversicherungspflicht ausfüllen:

Beitragsgruppen* KV RV ALV PV | Angaben zur Tätigkeit | Schlüssel der Staatsangehörigkeit*

Beitragspflichtiges Bruttoarbeitsentgelt
(in DM ohne Pfennige / Euro ohne Cent) DM ☐ Euro ☐

Namensänderung *(bisheriger Name)*
Name, Vorsatzwort, Namenszusatz, Titel (Trennung durch Kommata)

Vorname

Änderung der Staatsangehörigkeit Schlüssel der ***neuen*** Staatsangehörigkeit*

Wenn keine Versicherungsnummer angegeben werden kann:

Geburtsname | Geburtsort

Geburtsdatum | **Geschlecht** männlich ☐ ☐ weiblich | Schüssel der Staatsangehörigkeit*

Nur bei erstmaliger Aufnahme einer Beschäftigung von nichtdeutschen Bürgern des Europäischen Wirtschaftsraumes:

Geburtsland, Schlüssel der Staatsangehörigkeit)* | Versicherungsnummer des Staatsangehörigkeitslandes

Name der Krankenkasse (Geschäftsstelle)
AOK BKK IKK EK LKK See-KK BKN

Datum, Name, Anschrift des Arbeitgebers (Firmenstempel)

Bei Krankenkasse einreichen

Meldung zur Sozialversicherung

In den Meldungen sind folgende Positionen verschlüsselt darzustellen:

- Schlüsselzahlen für die Abgabegründe
- Personengruppenschlüssel
- Beitragsgruppenschlüssel
- Tätigkeitsschlüssel
- Schlüssel der Staatsangehörigkeit

Dazu werden von den Sozialversicherungsträgern Listen herausgegeben, die regelmäßig angepasst werden.

Arbeitshilfen online

Alle Listen mit den Schlüsselzahlen für die Abgabegründe und Beitragsgruppen in den Meldungen nach der Datenerfassungs- und -übermittlungsverordnung (DEÜV) finden Sie auf Arbeitshilfen online, ebenso eine Liste der Schlüsselzahlen für Personengruppen und Tätigkeitsschlüssel in den Meldungen nach der DEÜV.

ARBEITSHILFE ONLINE

Die folgende Tabelle gibt Ihnen einen Überblick über diverse Sachverhalte, die Anlass für eine Meldung sind, und nennt die dazugehörigen Abgabegründe:

Sachverhalte für Meldungen

Sachverhalt	Abgabegrund	Sachverhalt
Aufnahme einer versicherungspflichtigen oder geringfügigen Beschäftigung	10	Anmeldung
Ende einer versicherungspflichtigen Beschäftigung	30	Abmeldung
Ende einer versicherungspflichtigen Beschäftigung wegen Tod	49	Abmeldung
Gleichzeitige An- und Abmeldung wegen Ende der Beschäftigung	40	An- und Abmeldung
Krankenkassenwechsel bei fortbestehendem Beschäftigungsverhältnis	31 11	Abmeldung Anmeldung
Beitragsgruppenwechsel bei fortbestehendem Beschäftigungsverhältnis	32 12	Abmeldung Anmeldung
Jahresmeldung für das abgelaufene Kalenderjahr	50	Jahresmeldung

Sachverhalte für Meldungen		
Sachverhalt	**Abgabegrund**	**Sachverhalt**
Einmalig gezahltes Arbeitsentgelt als Sondermeldung	54	Sondermeldung
Unterbrechung der Beschäftigung ohne Fortzahlung des Arbeitsentgelts für mindestens einen Kalendermonat wegen des Bezuges z.B. von Kranken- und Mutterschaftsgeld	51	Unterbrechungsmeldung
Unterbrechung der Beschäftigung wegen Elternzeiten	52	Unterbrechungsmeldung
Unterbrechung der Beschäftigung wegen gesetzlicher Dienstpflicht oder freiwilligen Wehrdiensts von mehr als einem Kalendermonat	53	Unterbrechungsmeldung
Unterbrechung der Beschäftigung ohne Fortzahlung des Arbeitsentgelts von mehr als einem Monat		
▪ wegen unbezahlten Urlaubes	34 13	Wiederanmeldung Abmeldung
▪ wegen Arbeitskampfes	35 13	Abmeldung Wiederanmeldung
Wechsel von einer geringfügig entlohnten in eine kurzfristige Beschäftigung oder umgekehrt	30 10	Abmeldung Anmeldung
Beginn der Beschäftigung nach Ende der Berufsausbildung beim gleichen Arbeitgeber		
▪ ohne Beitragsgruppenwechsel	33 13	Abmeldung Anmeldung
▪ mit Beitragsgruppenwechsel	32 12	Abmeldung Anmeldung
▪ Wechsel des Entgeltabrechnungssystems		

Tab. 6: Sachverhalte für Meldungen

Die wichtigsten Personengruppenschlüssel	
Schlüsselzahl	**Personenkreis**
101	Sozialversicherungspflichtig Beschäftigte ohne besondere Merkmale
102	Auszubildende ohne besondere Merkmale
103	Beschäftigte in Altersteilzeit
104	Hausgewerbetreibende
105	Praktikanten
106	Werkstudenten
107	Behinderte Menschen in anerkannten Werkstätten
108	Bezieher von Vorruhestandsgeld
109	Geringfügig entlohnte Beschäftigte nach §8 Absatz 1 Nr. 1 SGB IV
110	Kurzfristig Beschäftigte nach §8 Absatz 1 Nr. 2 SGB IV
111	Personen in Einrichtungen der Jugendhilfe u. ä. Einrichtungen
112	Mitarbeitende Familienangehörige in der Landwirtschaft
113	Nebenerwerbslandwirte
114	Nebenerwerbslandwirte – saisonal beschäftigt
116	Ausgleichsgeldempfänger nach dem FELEG (ehem. landwirtschaftliche AN)
118	Unständig Beschäftigte
119	Versicherungsfreie Altersvollrentner und Versorgungsbezieher wegen Alters
120	Versicherungspflichtige Altersvollrentner
121	Auszubildende als Geringverdiener (Arbeitsentgelt bis 325 EUR)
122	Auszubildende in außerbetrieblicher Einrichtung
123	Personen im Freiwilligendienst
124	Heimarbeiter
127	Behinderte Menschen in Integrationsprojekten
190	Beschäftigte, die ausschließlich gesetzlich unfallversichert sind

Tab. 7: Die wichtigsten Personengruppenschlüssel

!

Beispiel für Anmeldung bei Beginn der Beschäftigung

Frieda Fleißig beginnt am 1.7.2017 ihre Tätigkeit bei der CHAOS Computer GmbH. Sie ist mit folgenden Verschlüsselungen anzumelden:

Grund der Abgabe:	10 (Anmeldung wegen Beginn einer Beschäftigung)
Personengruppe:	101 (sozialversicherungspflichtig Beschäftigte ohne besondere Merkmale)
Beitragsgruppenschlüssel:	KV 1 (allgemeiner Beitrag)
	RV 1 (voller Beitrag)
	AV 1 (voller Beitrag)
	PV 1 (voller Beitrag)

Der Personengruppenschlüssel lautet: 7 2 2 1 3 4 2 1 1
Die neun Stellen haben folgende Bedeutung:

Stellen			
1–5	Ausgeübte Tätigkeit	Buchhalter/in	72213
6	Höchster Schulabschluss	Abitur/Fachabitur	4
7	Höchster Berufsabschluss	Abgeschlossene Berufsausbildung	2
9	Arbeitnehmerüberlassung	Nein	1
9	Vertragsform	Unbefristet in Vollzeit	1

3.8 Beitragsnachweise

Der Arbeitgeber muss die Sozialversicherungsbeiträge berechnen, in einem sog. Beitragsnachweis elektronisch an die Einzugsstelle anmelden und abführen.

Damit die Einzugsstelle die Beiträge richtig an die einzelnen Träger bzw. den Gesundheitsfonds weiterleiten kann, muss der Arbeitgeber einen sog. Beitragsnachweis an die jeweilige Krankenkasse übermitteln, aus der die Zusammensetzung des Gesamtsozialversicherungsbeitrags zzgl. der Umlagen (siehe Kapitel 3.11 und 3.12) hervorgeht.

- Empfänger: Krankenkasse
- Betriebsnummer der Krankenkasse
- Betriebsnummer des Arbeitgebers
- Zeitraum
- Beitragssätze
- Zusatzbeitrag

Beitragsnachweis		
Beitragsnachweis	**Beitragsgruppe**	**Betrag**
Beiträge zur Krankenversicherung — allgemeiner Beitrag	1000	
Zusätzliche Pflichtbeiträge (ZBP)	ZBP	
Beiträge zur Krankenversicherung – erhöhter Beitrag (nur für Meldezeiträume bis 31.12.2008 zulässig)	2000	
Beiträge zur Krankenversicherung – ermäßigter Beitrag	3000	
Beiträge zur Krankenversicherung – Pauschalbeitrag für geringfügig Beschäftigte	6000	
Beiträge zur Rentenversicherung – voller Beitrag	0100	
Beiträge zur Rentenversicherung – halber Beitrag	0300	
Beiträge zur Rentenversicherung – Pauschalbeitrag für geringfügig Beschäftigte	0500	
Beiträge zur Arbeitsförderung – voller Beitrag	0010	
Beiträge zur Arbeitsförderung – halber Beitrag	0020	
Beiträge zur sozialen Pflegeversicherung	0001	
Umlage – Entgeltfortzahlung im Krankheitsfall	U1	
Umlage – Mutterschaftsaufwendungen	U2	
Umlage zur Insolvenzgeldversicherung (Insolvenzgeldumlage)	0050	
	Gesamtsumme	
Krankenversicherung freiwillige Mitglieder	799	

Beitragsnachweis		
Beitragsnachweis	**Beitragsgruppe**	**Betrag**
Zusatzbeitrag freiwillige Mitglieder	ZBF	
Pflegeversicherung freiwillige Mitglieder	798	
	Zu zahlender Betrag	

Tab. 8: Beitragsnachweis

Beitragsnachweis Minijob-Zentrale	
Beitragsnachweis	**Beitragsgruppe**
Beiträge zur Krankenversicherung — Pauschalbeitrag für geringfügig Beschäftigte	6000
Beiträge zur Rentenversicherung — voller Beitrag	0100
Beiträge zur Rentenversicherung — Pauschalbeitrag für geringfügig Beschäftigte	0500
Umlage — Entgeltfortzahlung im Krankheitsfall	U1
Umlage — Mutterschaftsaufwendungen	U2
Umlage zur Insolvenzgeldversicherung (Insolvenzgeldumlage)	0050
einheitliche Pauschsteuer	ST
	Gesamtsumme

Tab. 9: Beitragsnachweis Minijob-Zentrale

3.9 Fälligkeit der Beiträge und Beitragsnachweise

Der Gesamtsozialversicherungsbeitrag ist gem. §23 Abs. 1 Satz 2 SGB IV spätestens am drittletzten Bankarbeitstag des Monats, in dem die Beschäftigung ausgeübt worden ist, fällig. Die Beitragsnachweise müssen zwei Tage vorher bei der Einzugsstelle vorliegen.

Beispiel zu Fälligkeit

Im Dezember 2017 ist der drittletzte Bankarbeitstag der 27.12.2017. Die Beitragsnachweise müssen allerdings zwei Bankarbeitstage vorher um 0.00 Uhr bei der Einzugsstelle vorliegen, das ist der 21.12.2017.

Das bedeutet, dass die Beiträge ggf. angemeldet und abgeführt werden müssen, bevor deren endgültige Höhe tatsächlich feststeht. Was ist hier zu tun?

Am einfachsten ist es, wenn das Arbeitsentgelt bis zum Fälligkeitstag bereits zu zahlen ist und die Entgeltabrechnung daher bereits durchgeführt wurde. Dann steht die Höhe der Beiträge zu diesem Zeitpunkt bereits fest.

Beispiel

Zahltag für Gehälter ist der 20. des laufenden Monats. Bis dahin muss die Entgeltabrechnung erstellt worden sein. Die Meldung kann dann im o.g. Fall am 21.12.2017 erfolgen, damit sie am 22.12.2017 zu Arbeitsbeginn vorliegt.

Wenn die Lohnabrechnung allerdings erst zu einem späteren Zeitpunkt erfolgt, sind die Beiträge zum Fälligkeitstag grundsätzlich zu schätzen. Hier gibt es zwei verschiedene Möglichkeiten:

1. Beim Schätzverfahren ist eine gewissenhafte Schätzung der Beiträge unter Berücksichtigung der voraussichtlichen Beschäftigtenzahl, Arbeitsstunden und Beitragssätze sowie Einmalzahlungen (z.B. Urlaubsgeld) **des laufenden Monats** vorzunehmen. Entstehende Abweichungen sind mit dem nächsten Beitragsnachweis am fünftletzten Bankarbeitstag des Folgemonats zu verrechnen; der Restbetrag ist zusammen mit der Schätzung für den neuen Monat am drittletzten Bankarbeitstag des nächsten Monats fällig.
2. Optional darf immer das vereinfachte Verfahren angewendet werden. Es ist oftmals zu bevorzugen, vor allem, wenn dem Lohnabrechner die o.g. Schätzmethode zu aufwendig ist. Beim vereinfachten Verfahren darf auf Grundlage der tatsächlichen Abrechnung **des vergangenen Monats** geschätzt werden; Einmalzahlung wie z.B. Urlaubsgeld sind allerdings im laufenden Monat zu berücksichtigen. Auch hier ist der Restbetrag zusammen mit der Schätzung für den neuen Monat am drittletzten Bankarbeitstag des nächsten Monats fällig.

3.10 Zweige der Sozialversicherung

3.10.1 Gesetzliche Rentenversicherung – SGB VI

In der gesetzlichen Rentenversicherung besteht grundsätzlich für jeden sozialversicherungspflichtig beschäftigten Arbeitnehmer Versicherungspflicht. Es entsteht ein materieller Versicherungsschutz. Der Anspruch auf Leistung entsteht nicht mit Aufnahme einer Tätigkeit und Zahlung von Beiträgen, sondern richtet sich nach der Höhe der Beiträge und der Pflichtbeitragszeiten.

Von der Versicherungspflicht in der gesetzlichen Rentenversicherung kann der Arbeitnehmer befreit werden, wenn er Mitglied in einem berufsständischen Versorgungswerk ist. Eine berufsständische Versorgung ist die auf einer gesetzlichen Pflichtmitgliedschaft beruhende Altersversorgung für kammerfähige freie Berufe, z. B. Ärzte, Apotheker, Architekten, Rechtsanwälte, Steuerberater. Die Höhe der Beiträge entspricht denen der gesetzlichen Rentenversicherung.

3.10.2 Gesetzliche Arbeitslosenversicherung – SGB III

Wie in der Rentenversicherung besteht auch in der Arbeitslosenversicherung für alle sozialversicherungspflichtig beschäftigten Arbeitnehmer grundsätzlich Versicherungspflicht.

Hier kann es allerdings diverse Ausnahmen geben, z. B. Studenten, Minijobs, weiterbeschäftigte Rentner.

3.10.3 Gesetzliche Krankenversicherung – SGB V

Träger der gesetzlichen Krankenversicherung sind die Allgemeinen Ortskrankenkassen (AOK), Ersatzkassen, Innungskrankenkassen (IKK), Betriebskrankenkassen (BKK) sowie Bundesknappschaft. Versicherungspflichtig sind grundsätzlich alle gegen Arbeitentgelt beschäftigten Arbeitnehmer.

Es gilt jedoch die sog. Jahresarbeitsentgeltgrenze: Wird diese zu Beginn der Beschäftigung, vorausschauend auf die kommenden 12 Monate, überschritten werden bzw. wird zum Jahreswechsel festgestellt, dass diese im vergangenen Jahr überschritten worden ist und voraussichtlich im Folgejahr auch überschritten werden wird, wird der Arbeitnehmer versicherungsfrei in der Krankenversicherung. Dann kann er als freiwilliges Mitglied in der gesetzlichen Krankenversicherung bleiben oder sich privat krankenversichern.

Die sog. Allgemeine Jahresarbeitsentgeltgrenze beträgt:

im Jahr 2017	maximal 57.600 Euro
im Jahr 2018	maximal 59.400 Euro

Es gibt noch eine besondere Jahresarbeitsentgeltgrenze für diejenigen, die privat versichert sind und bereits am 31.12.2002 als Arbeitnehmer privat versichert waren. Sie beträgt

im Jahr 2017	maximal 52.200 Euro
im Jahr 2018	maximal 53.100 Euro

Der Arbeitnehmer kann seine gesetzliche Krankenkasse grundsätzlich frei wählen. Manche Krankenkassen sind nur regional wählbar. Die Bindungsfrist beträgt 18 Monate, es sei denn, die Krankenkasse erhöht den Zusatzbeitrag.

Mit Einführung des Gesundheitsfonds zum 1.1.2009 wurde der Beitrag für die gesetzlichen Krankenkassen einheitlich festgelegt. Der einheitliche Beitragssatz wird vom Bundesministerium für Gesundheit bekanntgegeben. Der Arbeitgeberanteil wurde ab 2011 vom Gesetzgeber auf 7,3 % festgeschrieben. Beitragserhöhungen gehen seitdem zulasten der Versicherten. Ein eventueller Zusatzbeitrag der Krankenkassen (siehe Kapitel 3.5) ist vom Arbeitgeber direkt bei der Entgeltabrechnung zu erheben und mit dem einheitlichen Beitrag zusammen abzuführen. Der durchschnittliche Zusatzbeitrag der gesetzlichen Krankenversicherung beträgt im Jahr 2017 1,1 %, im Jahr 2018 1,0 %.

3.10.4 Gesetzliche Pflegeversicherung – SGB XI

Arbeitnehmer, die in der gesetzlichen Krankenversicherung versicherungspflichtig sind, sind dies auch in der gesetzlichen Pflegeversicherung. Träger der Pflegeversicherung ist die Pflegekasse, die bei der jeweiligen Krankenkasse angesiedelt ist. D. h., wer in der gesetzlichen Krankenkasse versichert ist, ist gleichzeitig auch bei der Pflegekasse dieser Krankenkasse versichert.

Bei der gesetzlichen Pflegekasse beträgt der Beitragssatz seit dem 1.1.2017 2,55 %. Zusätzlich zahlen Kinderlose einen Zusatzbeitrag in Höhe von 0,25 %. Dieser Zuschlag ist vom Versicherten allein zu tragen. Der Zusatzbeitrag ist nicht zu zahlen von Personen, die das 23. Lebensjahr noch nicht vollendet haben, sowie von Personen, die vor dem 1.1.1940 geboren sind.

Eine Ausnahme besteht im Bundesland Sachsen: Der Arbeitgeberanteil beträgt hier 0,775 %, der Arbeitnehmeranteil 1,775 % bzw. 2,025 % (für Kinderlose über 23 Jahre).

3.10.5 Gesetzliche Unfallversicherung – SGB VII

Alle Beschäftigten sind über die gesetzliche Unfallversicherung bei Arbeitsunfällen und Berufskrankheiten versichert. Arbeitsunfälle sind auch Unfälle, die auf dem Weg von und zur Arbeitsstelle geschehen. Träger der gesetzlichen Unfallversicherung sind die Berufsgenossenschaften und die Unfallkassen der Länder.

Die Beiträge zur gesetzlichen Unfallversicherung werden vom Arbeitgeber allein getragen. Sie werden von den jeweiligen Berufsgenossenschaften entsprechend verschiedener Kriterien (Gesamtarbeitsentgelt, Gefahrklassen, Beitragsfuß) berechnet und dem Arbeitgeber mitgeteilt.

3.10.6 Besonderheiten in den neuen Bundesländern

In der Kranken- und Pflegeversicherung gelten im gesamten Bundesgebiet einheitliche Rechen- und Bezugsgrößen. In der Renten- und Arbeitslosenversicherung gelten hingegen unterschiedliche Rechengrößen für alte und neue Bundesländer. Dabei zählt Ost-Berlin in diesen Versicherungszweigen zu den neuen Bundesländern.

Die Beiträge zur Kranken- und Pflegeversicherung werden bei den Beschäftigten sowohl in den alten als auch in den neuen Bundesländern höchstens aus der einheitlichen Beitragsbemessungsgrenze berechnet. In der Renten- und Arbeitslosenversicherung ist bei Beschäftigungen in den neuen Bundesländern die Beitragsbemessungsgrundlage Ost zu beachten. Arbeitgeber, die Arbeitnehmer in den alten und neuen Bundesländern beschäftigen, haben dies bei der Abführung der Beiträge weiterhin mit getrennten Beitragsnachweisen zu dokumentieren.

3.11 Umlagen nach dem Aufwendungsausgleichsgesetz (AAG)

Arbeitgeber müssen ihren Arbeitnehmern im Krankheitsfall bis zu sechs Wochen Entgeltfortzahlung für dieselbe Krankheit zahlen (siehe Kapitel 6.3). »Kleinen« Arbeitgebern mit bis zu 30 Vollzeitbeschäftigten will man die volle Kostenübernahme nicht zumuten. Deshalb wird für diese Arbeitgeber ein Teil dieser Kosten über eine Umlage finanziert, die sog. Umlage 1 (U1) für Krankheitsaufwendungen. Der Umlagesatz wird in Prozent der beitragspflichtigen Bruttoentgelte aller Arbeitnehmer von den jeweiligen Krankenkassen festgelegt. Der Arbeitgeber bekommt dann im Krankheitsfall von der jeweiligen Krankenkasse bis zu 80% der Kosten erstattet. Die Krankenkassen können unterschiedliche Umlagesätze mit gestaffelten Erstattungssätzen anbieten. Einzelheiten dazu findet man auf der Internetseite der jeweiligen Krankenkassen.

Die betroffenen Arbeitgeber müssen an der Umlageversicherung teilnehmen. Bestimmte Arbeitgeber sind allerdings ausgenommen, z.B. Öffentlicher Dienst, Freie Wohlfahrtspflege.

Arbeitgeber mit über 30 Vollzeitbeschäftigten sind von der Entgeltfortzahlungsversicherung ausgeschlossen. Sie müssen die Kosten im Krankheitsfall selbst tragen. Hier gibt es keine Erstattungsmöglichkeiten.

Um Aufwendungen der Arbeitgeber bei Mutterschaft der Arbeitnehmerinnen zu begrenzen, wurde die sog. Umlage 2 (U2) für Mutterschaftsaufwendungen eingeführt. Daran nehmen ausnahmslos alle Arbeitgeber teil. Zu den Aufwendungen, die zu 100% erstattet werden, gehören der sog. Mutterschutzlohn bei Beschäftigungsverboten der Arbeitnehmerin zuzüglich der darauf entfallenden Arbeitgeberbeiträge sowie der Zuschuss zum Mutterschaftsgeld, den der Arbeitgeber sechs Wochen vor und acht bzw. u.U. zwölf Wochen nach der Geburt an die Arbeitnehmerin zahlen muss (siehe Kapitel 6.4.2).

Die Umlagen 1 und 2 sind zusammen mit dem Gesamtsozialversicherungsbeitrag monatlich an die jeweilige Krankenkasse des Arbeitnehmers (Einzugsstelle) abzuführen.

Für die Erstattungen im Rahmen der Umlageverfahren sind Anträge des Arbeitgebers für jeden einzelnen Erstattungsfall an die jeweilige Krankenkasse des Arbeitnehmers/der Arbeitnehmerin zu stellen und auf elektronischem Weg zu übermitteln. Die Erstattungsansprüche verjähren vier Jahre nach Ablauf des Kalenderjahres, in dem sie entstanden sind.

3.12 Insolvenzgeldumlage

Die Insolvenzgeldumlage wird zum Ausgleich des Nettolohnanspruchs der Arbeitnehmer für die letzten drei Monate vor Eröffnung eines Insolvenzverfahrens erhoben. Die Insolvenzgeldumlage beträgt 2017 0,09%, ab 2018 0,06% der rentenversicherungspflichtigen Bruttoarbeitsentgelte und ist zusammen mit dem Gesamtsozialversicherungsbeitrag an die jeweilige Krankenkasse des Arbeitnehmers abzuführen. Sie wird an die Bundesagentur für Arbeit weitergeleitet. Die Insolvenzgeldumlage gilt nicht für Privathaushalte und den öffentlichen Dienst.

4 Eintritt eines Arbeitnehmers – Anmeldung

Zu Beginn der Beschäftigung muss der Arbeitgeber verschiedene Informationen bzw. Dokumente vom Arbeitnehmer einholen. Dazu gehören:

- Steuerliche Identifikationsnummer bzw. eine Lohnsteuerbescheinigung bei beschränkt steuerpflichtigen Arbeitnehmern
- Sozialversicherungsausweis bzw. ein Nachweis über die Sozialversicherungsnummer
- Aufenthaltstitel bzw. Arbeitserlaubnis bei ausländischen Arbeitnehmern (außerhalb der EU)
- Mitgliedsbescheinigung der gesetzlichen Krankenkasse oder Bescheinigung einer privaten Krankenversicherung
- Ggf. Urlaubsbescheinigung
- Ggf. Unterlagen über vermögenswirksame Leistungen
- Ggf. Unterlagen zur betrieblichen Altersversorgung

4.1 Steuerliche Anmeldung

Mit Beginn der Beschäftigung muss der Arbeitgeber den Arbeitnehmer mit Hilfe dessen steuerlicher Identifikationsnummer in der ELStAM-Datenbank anmelden und die Lohnsteuerabzugsmerkmale abrufen, sofern der Arbeitslohn nicht pauschal versteuert wird (z.B. bei geringfügig Beschäftigten, vgl. Kapitel 5.6) bzw. eine Ersatzbescheinigung (s.o.) vorliegt. Die Daten müssen zur ersten Lohnabrechnung vorliegen; in Ausnahmefällen, z.B. bei technischen Störungen oder Gründen, die der Arbeitnehmer nicht zu vertreten hat, kann der Arbeitgeber für die Dauer von längstens drei Monaten den Lohnsteuerabzug nach anderen Dokumenten (z.B. die Lohnabrechnung des ehemaligen Arbeitgebers) durchführen.

4.2 Anmeldung bei der Krankenkasse

Wann?

- Jeder Arbeitnehmer ist vom Arbeitgeber mit der ersten Lohnabrechnung, spätestens innerhalb von sechs Wochen, bei der zuständigen Krankenkasse auf elektronischem Wege mit der »Meldung zur Sozialversicherung« anzumelden, entweder über systemgeprüfte Software oder das kostenlose Portal »SV-net«.

Wo?

- Zuständig bei einem Pflichtversicherten oder freiwillig in einer gesetzlichen Krankenkasse Versicherten ist die Krankenkasse, die der Arbeitnehmer gewählt hat. Diese Entscheidung teilt der Arbeitnehmer dem Arbeitgeber durch die Vorlage einer Mitgliedsbescheinigung (s. o.) mit.
- Sofern keine Mitgliedsbescheinigung vorliegt, muss der Arbeitgeber den Arbeitnehmer bei der Krankenkasse anmelden, bei der dieser zuvor versichert war, oder er darf die Krankenkasse frei wählen.
- Ist der Arbeitnehmer privat versichert, ist er bei der Krankenkasse anzumelden, bei der er zuletzt versichert war. Ist diese nicht zu ermitteln, muss der Arbeitgeber den Arbeitnehmer bei einer beliebigen wählbaren Krankenkasse zur Abführung der Beiträge zur Renten- und Arbeitslosenversicherung und zur Durchführung des Umlageverfahrens anmelden.
- Für geringfügig Beschäftigte sind die Meldungen unabhängig von der tatsächlichen Mitgliedschaft des Arbeitnehmers an die Knappschaft-Bahn-See »Minijobzentrale« zu erstatten.

Besonderheit: Sofortmeldung (§ 28a SGB IV)

In bestimmten Branchen ist *zusätzlich* zur Anmeldung eine Sofortmeldung zum Zeitpunkt der Arbeitsaufnahme zu erstellen. Diese sind:

- Baugewerbe
- Gaststätten, Beherbergungsgewerbe
- Personen- und Güterbeförderung
- Spedition, Transport und damit verbundene Logistikunternehmen
- Schausteller
- Forstwirtschaft

- Gebäudereinigungsgewerbe
- Messebau und Ausstellungen
- Fleischwirtschaft

Die Sofortmeldung wird an die Deutsche Rentenversicherung gemeldet und ersetzt nicht die Anmeldung (Formular siehe auch Kapitel 3.7).

5 Die monatliche Lohnabrechnung und verschiedene Abrechnungsgruppen

Jeder Arbeitnehmer erhält zum Ende eines jeden Lohnabrechnungszeitraums (i.d.R. monatlich) eine Lohnabrechnung. Der Arbeitgeber ist gem. §108 Gewerbeordnung dazu verpflichtet. Aus der Abrechnung müssen der Lohnzahlungszeitraum und die Zusammensetzung des Arbeitslohns/Arbeitsentgelts ersichtlich sein.

Die Grundlage der monatlichen Lohnabrechnung bildet der Arbeitslohn. Es ist also zunächst der Bruttoarbeitslohn zu ermitteln, einschließlich der steuerfreien und pauschalversteuerten Lohnbestandteile.

Vom steuerpflichtigen Bruttoarbeitslohn (»Steuerbrutto«) werden Lohnsteuer, Solidaritätszuschlag und ggf. Kirchensteuer erhoben und abgezogen (siehe Kapitel 2).

Vom beitragspflichtigen Bruttoarbeitsentgelt (»SV-Brutto«) werden Sozialversicherungsbeiträge erhoben und abgezogen, i.d.R. Krankenversicherung, Rentenversicherung, Arbeitslosenversicherung, Pflegeversicherung (siehe Kapitel 3).

Steuerbrutto und SV-Brutto können übereinstimmen, es gibt aber auch Ausnahmen, z.B. bei der betrieblichen Altersversorgung (siehe Kapitel 9).

Nachdem vom Bruttolohn diese sog. gesetzlichen Abzüge abgezogen wurden, ergibt sich der Nettolohn. Der Nettolohn kann dem Auszahlungsbetrag entsprechen, es kann aber noch weitere persönliche Be- oder Abzüge geben, z.B. Pfändungen, Abzug von vermögenswirksamen Leistungen oder Abzug von AN-Beiträgen zur betrieblichen Altersversorgung.

Anschließend sind die Arbeitgeberanteile zur Sozialversicherung zzgl. Umlagen zu ermitteln. Ggf. sind weitere zusätzliche Arbeitgeberbelastungen zu ermitteln, z.B. vom Arbeitgeber getragene pauschale Lohnsteuer (dazu mehr in Kapitel 5.6 und 8)

Muster einer Lohnabrechnung	
	Steuerpflichtige Bezüge (Geldlohn und ggf. Sachlohn)
+	Pauschalversteuerte Bezüge (z. B. Fahrtkostenzuschüsse)
+	Steuerfreie Bezüge (z. B. Sonntags-, Feiertags-, Nachtzuschläge)
=	Gesamtbrutto
-	Steuerabzugsbeträge (Lohnsteuer, Solidaritätszuschlag, ggf. Kirchensteuer)
-	SV-Beiträge (Kranken-, Renten-, Arbeitslosen-, Pflegeversicherung)
=	Nettolohn
-	Nettoabzüge (z. B. Pfändung, vermögenswirksame Leistungen, verrechnete Sachbezüge)
+	Nettobezüge (z. B. Zuschüsse zur privaten Kranken- und Pflegeversicherung)
=	Auszahlbetrag

5.1 Gehaltsabrechnung ohne besondere Merkmale

Fangen wir mit der einfachsten Abrechnung an. Gehalt wird üblicherweise für Angestellte als fester Monatsbetrag gezahlt.

!

Beispiel: Einfache Gehaltsabrechnung

Frieda Fleißig beginnt am 1.7.2017 ihre Tätigkeit bei der CHAOS Computer GmbH (Berlin – Rechtskreis West – 9% Kirchensteuer). Der Arbeitgeber hat 30 vollzeitbeschäftigte Arbeitnehmer, daher fallen Umlagebeiträge zur U1 an.

- Gehalt: 2.500 EUR
- Steuerliche Abzugsmerkmale: Steuerklasse IV / 1,0 Kinderfreibeträge / evangelisch
- Krankenkasse: AOK Nordost (Zusatzbeitrag 0,9%)

Arbeitgeber: CHAOS Computer GmbH		
Arbeitnehmer: Frieda Fleißig		
Zeitraum: 1.7. – 31.7.2017		
Bruttolohn		Gesamtbrutto
Gehalt		2.500,00 EUR
Lohnsteuer	-309,41 EUR	
Solidaritätszuschlag	-12,32 EUR	
Kirchensteuer	-20,16 EUR	
Steuerrechtliche Abzüge		-341,89 EUR
KV (7,3% + 0,9% ZB)	-205,00 EUR	
RV (9,35%)	-233,75 EUR	
AV (1,5%)	-37,50 EUR	
PV (1,275%)	-31,88 EUR	
SV-rechtliche Abzüge		-508,13 EUR
Gesetzliches Netto		1.649,98 EUR
Auszahlbetrag		1.649,98 EUR

Arbeitgeberanteil:	
KV (7,3%)	182,50 EUR
RV (9,35%)	233,75 EUR
AV (1,5%)	37,50 EUR
PV (1,275%)	31,88 EUR
Umlage 1 (2,5%)	62,50 EUR
Umlage 2 (0,59%)	14,75 EUR
Insolvenzgeldumlage (0,09%)	2,25 EUR
Gesamtaufwand Arbeitgeber	565,13 EUR

Wenn Sie kein Lohnprogramm zur Verfügung haben und die Abrechnung selbst nachvollziehen möchten: Alle Krankenkassen bieten auf ihren Internetseiten Brutto-Netto-Rechner an (hier z.B. unter www.aok-business.de bzw. https://www.aok-business.de/nordost/tools-service/gehaltsrechner/gehaltsrechner-2017/), mit denen Sie die Abrechnungen einfach selbst überprüfen können. Sie müssen »nur« die o.g. Stammdaten wie z.B. Lohnsteuerabzugsmerkmale eingeben und Sie kommen schnell zum richtigen Ergebnis. Sämtliche Abrechnungen sind dementsprechend aufgebaut, jeweils die Abrechnung für den Arbeitnehmer und den Arbeitgeberanteil.

Lohn - und Gehaltsrechner

Name / Vorname	Frieda Fleißig	Krankenversicherung	KV-Pflicht
Abrechnungszeitraum	Monat	Beitragssatz KV	14,60 %
Jahr / Monat	2017 / Dezember	Zusatzbeitrag Kasse	0,90 %
Steuerklasse	IV	PV-Zuschlag	Nein
Monatl. Freibetrag	0,00 EUR	RV-Beiträge	Ja
Kirchensteuer	Ja	AV-Beiträge	Ja
Kinderfreibeträge	1	SV-Status	SV-pflichtig (Standard)
Bundesland	Berlin-West		
Ausgleichkasse U1	2,50 %		
Ausgleichkasse U2	0,59 %		
Insolvenzgeldumlage U3	0,09 %		

Brutto-Bezüge	
Bruttogehalt	**2.500,00 EUR**
Brutto gesamt	**2.500,00 EUR**

Arbeitnehmerangaben

Steuer / Sozialversicherung		
Lohnsteuer	-309,41 EUR	
Solidaritätszuschlag	-12,32 EUR	
Kirchensteuer	-20,16 EUR	
Steuerrechtliche Abzüge		-341,89 EUR
Krankenversicherung	-205,00 EUR	
Pflegeversicherung	-31,88 EUR	
Rentenversicherung	-233,75 EUR	
Arbeitslosenversicherung	-37,50 EUR	
Sozialversicherungsrechtliche Abzüge		-508,13 EUR
Nettoverdienst		**1.649,98 EUR**
Netto - Bezüge / Abzüge		
Steuerfreie Abzüge	0,00 EUR	
Steuerfreie Bezüge	0,00 EUR	
Kammerbeitrag	0,00 EUR	
Netto - Bezüge / Abzüge		0,00 EUR
Auszahlung		**1.649,98 EUR**

Arbeitgeberabgaben

Sozialversicherung		
Krankenversicherung	182,50 EUR	
Pflegeversicherung	31,88 EUR	
Rentenversicherung	233,75 EUR	
Arbeitslosenversicherung	37,50 EUR	
Sozialversicherungsrechtliche Abzüge		485,63 EUR
Steuerfreie Bezüge		0,00 EUR
Ausgleichkasse U1		62,50 EUR
Ausgleichkasse U2		14,75 EUR
Insolvenzgeldumlage U3		2,25 EUR
Arbeitgeberabgaben gesamt		**3.065,13 EUR**

Gesamtbeitrag

Beitrag Zweig	**Beitragsgruppe**	**Betrag**
Krankenversicherung allgemein	1000	365,00 EUR
Krankenversicherung ermäßigt	3000	0,00 EUR
KV freiwillig (AG-Abführung)	9000	0,00 EUR
Krankenvers. Zusatzbeitrag		22,50 EUR
Rentenversicherung (voll)	0100	467,50 EUR
Rentenversicherung (halb)	0300	0,00 EUR
Arbeitslosenversicherung (voll)	0010	75,00 EUR
Arbeitslosenversicherung (halb)	0020	0,00 EUR
Pflegeversicherung	0001	63,76 EUR
Umlage Krankheit	U1	62,50 EUR
Umlage Mutterschaft	U2	14,75 EUR
Insolvenzgeldumlage	0050	2,25 EUR
Beiträge gesamt		**1.073,26 EUR**

Haufe-Index: 3239330 - Version: 6.00.20.750 - Stand: 03.12.2017 © Haufe-Lexware GmbH & Co. KG

Brutto-Netto-Rechner

5.2 Überstundenabrechnung für Gehaltsempfänger

Gibt es einen Unterschied zwischen Überstunden und Mehrarbeit? Der Sprachgebrauch ist hier nicht einheitlich, beide Begriffe werden synonym verwendet. Mehrarbeit bzw. Überstunden liegen immer dann vor, wenn der Arbeitnehmer über seine vertragliche Arbeitszeit hinaus tätig ist. Für den Arbeitgeber stellt sich die Frage, ob er diese zusätzlich geleisteten Stunden über den regulären Monatslohn hinausgehend vergüten muss, zudem ggf. mit einem höheren Entgelt, dem sog. Überstundenzuschlag.

Grundsätzlich sind Überstunden regelmäßig gesondert vergütungspflichtig, wenn sie vom Arbeitgeber angeordnet wurden. Werden Überstunden ohne Abstimmung mit dem Arbeitgeber geleistet und nur auf einem persönlichen »Stundenzettel« des Arbeitnehmers aufgezeichnet, kann der Arbeitnehmer die Vergütung nicht verlangen.

Nach der Rechtsprechung des Bundesarbeitsgerichts ist auch eine vertragliche Vereinbarung mit Angestellten zulässig, wonach eine im Arbeitsvertrag festgelegte Anzahl von Überstunden bereits durch das Gehalt abgegolten wird und diese somit nicht zusätzlich bezahlt werden müssen.

Die Vergütung für die Überstunden und der darauf eventuell entfallende Zuschlag gehören zum laufenden Arbeitslohn und sind steuer- und beitragspflichtig. Zur Zahlung eines Überstundenzuschlags gibt es keine gesetzlichen Regelungen. Der Zuschlag muss also vertraglich – tarifvertraglich oder einzelvertraglich – vereinbart sein.

! **Beispiel: Einfache Gehaltsabrechnung – Fortführung**

Frieda Fleißig (Fa. CHAOS Computer GmbH) hat im August 2017 12 Überstunden geleistet, die ihr mit der August-Abrechnung ausgezahlt und mit zusätzlich 25% Überstundenzuschlag bezahlt werden sollen.

- Gehalt: 2.500 EUR
- Steuerliche Abzugsmerkmale: Steuerklasse IV / 1,0 Kinderfreibeträge / evangelisch
- Krankenkasse: AOK Nordost (Zusatzbeitrag 0,9%)
- Ermittlung des Stundensatzes für die Überstunden:
  - Mögliche Berechnungsmethode, aber eher ungeeignet, ist die Ermittlung des Stundensatzes über die tatsächlichen Arbeitsstunden des Monats, da

die Stundenzahl zwischen 160, 168, 176 und 184 Stunden pro Monat schwankt.

- Besser ist die Berechnungsmethode nach der sog. Normalzeit mit der 4,33-Formel (13 Wochen : 3 Monate = 4,33):
- 2.500 EUR : (4,33 x 40 Std.) = 2.500 EUR : 173,33 Std. = 14,42 EUR/Std.

Arbeitgeber: CHAOS Computer GmbH		
Arbeitnehmer: Frieda Fleißig		
Zeitraum: 1.8. – 31.8.2017		
Bruttolohn		Gesamtbrutto
Gehalt		2.500,00 EUR
12 ÜStd. x 14,42 EUR		**173,04 EUR**
25% Überstundenzuschlag		**43,26 EUR**
Gesamtbrutto		2.716,30 EUR
Lohnsteuer	-361,50 EUR	
Solidaritätszuschlag	-15,02 EUR	
Kirchensteuer	-24,58 EUR	
Steuerrechtliche Abzüge		-401,10 EUR
KV (7,3% + 0,9% ZB)	-222,74 EUR	
RV (9,35%)	-253,97 EUR	
AV (1,5%)	-40,74 EUR	
PV (1,275%)	-34,63 EUR	
SV-rechtliche Abzüge		-552,08 EUR
Gesetzliches Netto		1.763,12 EUR
Auszahlbetrag		1.763,12 EUR

Arbeitgeberanteil:	
KV (7,3%)	198,29 EUR
RV (9,35%)	253,97 EUR
AV (1,5%)	40,74 EUR
PV (1,275%)	34,63 EUR
Umlage 1 (2,5%)	67,91 EUR
Umlage 2 (0,59%)	16,03 EUR
Insolvenzgeldumlage (0,09%)	2,44 EUR
Gesamtaufwand Arbeitgeber	614,01 EUR

5.3 Stundenlohnabrechnung, Zulagen, Zuschläge, Zuschüsse

Im Gegensatz zu Gehaltsempfängern, bei denen ein festes Monatsgehalt vereinbart ist, ist beim Stundenlohnempfänger jeden Monat aufs Neue zu ermitteln, wie viele Stunden mit dem entsprechenden Stundensatz zu bezahlen sind. Zu ermitteln sind zunächst die Soll-Stunden, bestehend aus Normal-Arbeitsstunden und auf Arbeitstage entfallende bezahlte Feiertagsstunden; anschließend werden die Ist-Stunden für jeden Arbeitnehmer für den jeweiligen Monat ermittelt, bestehend aus tatsächlichen Arbeitsstunden (einschließlich Überstunden) sowie bezahlten Ausfallstunden (z.B. für Urlaub, bei Krankheit und Mutterschutz) und unbezahlten Ausfallstunden (z.B. für unbezahlten Urlaub, Streik, Krankheit des Kindes, Pflegezeit). Auch die Aufzeichnung der unbezahlten Fehlzeiten ist wichtig, um den Monat vollständig mit Soll-Stunden zu belegen und ggf. Unterbrechungsmeldungen (z.B. bei Krankengeldbezug) auszulösen.

Zum Stundenlohn können noch

- Zuschüsse (siehe Kapitel 1.6.7),
- Zulagen (siehe Kapitel 1.6.5) und
- Zuschläge (siehe Kapitel 1.6.6) hinzukommen.

!

Beispiel: Stundenlohnabrechnung

Karl Gelassen beginnt am 1.7.2017 seine Tätigkeit bei der Metallbau Max Schraube GmbH (Berlin – Rechtskreis West – 9% Kirchensteuer)

- Stundenlohn: 12,25 EUR
- Erschwerniszulage: 0,95 EUR pro Stunde für besondere Belastungen (im Juli für 52 Stunden)
- Arbeitszeit: 38-Stunden-Woche (montags bis donnerstags 8 Stunden, freitags 6 Stunden): Anhand des Kalenders zählen Sie die tatsächlichen Stunden für diesen Monat genau aus:
  17 Arbeitstage x 8 Stunden + 4 Arbeitstage x 6 Stunden = 136 Stunden + 24 Stunden = 160 Stunden für Juli 2017
- Steuerliche Abzugsmerkmale: Steuerklasse IV / 0,5 Kinderfreibeträge / römisch-katholisch, 80 EUR Freibetrag (monatlich)
- Krankenkasse: AOK Nordost (Zusatzbeitrag 0,9%)
- VWL-Zuschuss des Arbeitgebers: 27 EUR monatlich
- VWL-Überweisung: 40 EUR monatlich

Arbeitgeber: Metallbau Max Schraube GmbH		
Arbeitnehmer: Karl Gelassen		
Zeitraum: 1.7. – 31.7.2017		
Bruttolohn		Gesamtbrutto
160 Std. x 12,25 EUR		**1.960,00 EUR**
52 Std. Erschwerniszulage x 0,95 EUR		49,40 EUR
VWL-Zuschuss		27,00 EUR
Gesamtbrutto		2.036,40 EUR
Steuerbrutto	2.036,40 EUR	
– Steuerfreibetrag	-80,00 EUR	
Nach Tabelle zu versteuern	1.956,40 EUR	
Lohnsteuer	180,08 EUR	
Solidaritätszuschlag	7,73 EUR	
Kirchensteuer	12,65 EUR	
Steuerrechtliche Abzüge		-200,46 EUR
KV (7,3% + 0,9% ZB)	166,98 EUR	
RV (9,35%)	190,40 EUR	
AV (1,5%)	30,65 EUR	
PV (1,275%)	25,96 EUR	
SV-rechtliche Abzüge		-413,69 EUR
Gesetzliches Netto		1.422,65 EUR
VWL-Überweisung		-40,00 EUR
Auszahlbetrag		1.382,05 EUR

Arbeitgeberanteil:	
KV (7,3%)	148,66 EUR
RV (9,35%)	190,40 EUR
AV (1,5%)	30,55 EUR
PV (1,275%)	25,96 EUR
Umlage 1 (2,5%)	50,91 EUR
Umlage 2 (0,59%)	12,01 EUR
Insolvenzgeldumlage (0,09%)	1,83 EUR
Gesamtaufwand Arbeitgeber	460,32 EUR

5.4 Überstundenabrechnung für Stundenlohnempfänger

Die Aussagen zur Überstundenbezahlung bei Gehaltsempfängern (siehe Kapitel 5.2) gelten grundsätzlich für Stundenlohnempfänger gleichermaßen. Als Berechnungsgrundlage gilt der jeweilige Stundensatz. Voraussetzung ist eine Zeiterfassung durch Stundenzettel oder Zeiterfassungssysteme.

!

Beispiel: Stundenlohnabrechnung – Fortführung

Karl Gelassen (Metallbau Max Schraube GmbH) hat im August 2017 wie folgt gearbeitet:

	Ist-Stunden	Davon Überstunden
vom 01.08.–04.08.	30 Stunden	0 Überstunden
vom 07.08.–11.08.	42 Stunden	4 Überstunden
vom 14.08.–18.08.	38 Stunden	0 Überstunden
vom 21.08.–25.08.	39 Stunden	1 Überstunde
vom 28.08.–31.08.	32 Stunden	0 Überstunden
Gesamt	181 Stunden	5 Überstunden

- Stundenlohn: 12,25 EUR
- Überstundenzuschlag: 25%
- Erschwerniszulage: 0,95 EUR pro Stunde für besondere Belastungen (im August für 80 Stunden)
- Arbeitszeit: 38-Stunden-Woche (montags bis donnerstags 8 Stunden, freitags 6 Stunden)
- Steuerliche Abzugsmerkmale: Steuerklasse IV / 0,5 Kinderfreibeträge / römisch-katholisch, 80 EUR monatlichen Freibetrag
- Krankenkasse: AOK Nordost (Zusatzbeitrag 0,9%)
- VWL-Zuschuss des Arbeitgebers: 27 EUR monatlich
- VWL-Überweisung: 40 EUR monatlich

Arbeitgeber: Metallbau Max Schraube GmbH		
Arbeitnehmer: Karl Gelassen		
Zeitraum: 1.8.2017 – 31.8.2017		
Bruttolohn		Gesamtbrutto
176 Std. x 12,25 EUR		**2.156,00 EUR**
5 ÜStd. x 12,25 EUR		**61,25 EUR**
25% Überstundenzuschlag		**15,31 EUR**
80 Std. Erschwerniszulage x 0,95 EUR		76,00 EUR
VWL-Zuschuss		27,00 EUR
Gesamtbrutto		2.335,56 EUR
Steuerbrutto	2.335,56 EUR	
– Steuerfreibetrag	-80,00 EUR	
Nach Tabelle zu versteuern	2.255,56 EUR	
Lohnsteuer	247,83 EUR	
Solidaritätszuschlag	11,34 EUR	
Kirchensteuer	18,56 EUR	
Steuerrechtliche Abzüge		-277,73 EUR
KV (7,3% + 0,9% ZB)	191,52 EUR	
RV (9,35%)	218,37 EUR	
AV (1,5%)	35,03 EUR	
PV (1,275%)	29,78 EUR	
SV-rechtliche Abzüge		-474,70 EUR
Gesetzliches Netto		1.583,13 EUR
VWL-Überweisung		-40,00 EUR
Auszahlbetrag		1.543,13 EUR

Arbeitgeberanteil:	
KV (7,3%)	170,50 EUR
RV (9,35%)	218,37 EUR
AV (1,5%)	35,03 EUR
PV (1,275%)	29,78 EUR
Umlage 1 (2,5%)	58,39 EUR
Umlage 2 (0,59%)	13,78 EUR
Insolvenzgeldumlage (0,09%)	2,10 EUR
Gesamtaufwand Arbeitgeber	527,95 EUR

5.5 Sonntags-, Feiertags- und Nachtzuschläge

Bei Sonntags-, Feiertags- und Nachtzuschlägen (SFN-Zuschläge) ist zunächst zu prüfen, ob überhaupt ein Rechtsanspruch darauf besteht. Das kann in Tarifverträgen, Betriebsvereinbarungen oder in Einzelarbeitsverträgen geregelt sein. Danach stellt sich die Frage nach der Steuerfreiheit und Beitragsfreiheit. Die SFN-Zuschläge sind nur in dem im §3b EStG beschriebenen Umfang steuerfrei (siehe nachfolgende Tabelle). Nach welcher Rechtsgrundlage diese Zuschläge gezahlt werden, ist dafür nicht von Bedeutung.

Soweit die Zuschläge steuerfrei sind, sind sie auch begrenzt beitragsfrei. Die Höchstgrenze für den Grundlohn als Berechnungsgrundlage ist im Steuerrecht und im SV-Recht unterschiedlich hoch: Die Höchstgrenze für die Steuerfreiheit liegt bei einem Grundlohn von 50 Euro pro Stunde (§3b Abs. 2 Satz 1 EStG), während die Höchstgrenze für die Beitragsfreiheit bei 25 Euro Grundlohn pro Stunde liegt (§1 Abs. 1 S. 1 Nr.1 SvEV).

Für die Beurteilung, ob überhaupt SFN-Zuschläge vorliegen, sind zwei Bedingungen zu erfüllen:

- Die SFN-Zuschläge müssen neben dem Grundlohn gezahlt werden. Falls die Zahlung nicht ohnehin im Tarifvertrag geregelt ist, muss das feste Monatsgehalt oder der feste Stundenlohnsatz mit Arbeitszeitregelung plus SFN-Zuschläge eindeutig aus dem Arbeitsvertrag hervorgehen. Die Herausrechnung aus einem festen Monatsgehalt ist nicht zulässig.

- Die SFN-Arbeit muss tatsächlich geleistet worden sein und durch geeignete Aufzeichnungen (z. B. Stundenzettel, Stempelkarten, elektronische Arbeitszeiterfassung, Schichtpläne) nachgewiesen werden.

Wichtig !

Pauschal gezahlte SFN-Zuschläge sind immer steuer- und beitragspflichtig. Das ist z. B. der Fall, wenn einem Arbeitnehmer, der regelmäßig Nachtstunden leistet, ohne konkrete Aufzeichnung dieser Stunden dafür eine pauschale Vergütung gezahlt wird.

Bis zu welcher Höhe sind die Zuschläge steuerfrei (siehe § 3b EStG)?

Nachtarbeit	von 20.00 bis 6.00 Uhr: von 0.00 bis 4.00 Uhr:	25 % vom Grundlohn 40 % vom Grundlohn bei Arbeitsbeginn vor 0.00 Uhr
Sonntagsarbeit	von 0.00 bis 24.00 Uhr:	50 % vom Grundlohn
Feiertagsarbeit	von 0.00 bis 24.00 Uhr:	125 % vom Grundlohn an gesetzlichen Feiertagen und am 31.12. ab 14.00 Uhr 150 % vom Grundlohn am 25.12., 26.12., 01.05. und am 24.12 ab 14.00 Uhr

Es gibt noch eine Besonderheit, falls man am Sonntag oder Feiertag in die Nachtschicht gegangen ist und in den nächsten Tag hineingearbeitet hat: Die höheren Zuschläge für **Sonntags- und Feiertagsarbeit** werden auch für Arbeit von 0.00 bis 4.00 Uhr des folgenden Tages gewährt, wenn die Nachtarbeit noch vor 0.00 Uhr aufgenommen wurde.

Die jeweiligen Zuschläge sind wie folgt addierbar:

Addierbar sind:	Sonntags- plus Nachtzuschlag und Feiertags- plus Nachtzuschlag.

Nicht addierbar sind Sonntags- plus Feiertagszuschlag. Fällt der Feiertag auf einen Sonntag, ist der jeweilige Satz für den Feiertag zu wählen.

Um die Steuerfreiheit der SFN-Zuschläge zu garantieren, muss wie bereits beschrieben der Grundlohn ermittelt werden. Dieser setzt sich aus den folgenden verschiedenen Bestandteilen zusammen (die Berechnungsanleitung für den Grundlohn im Sinne des §3b EStG finden Sie in R 3b Abs. 2 LStR):

- Zum **Grundlohn** gehört der laufende Arbeitslohn, das sind Stundenlöhne, Gehälter, VWL-Zuschüsse, Erschwerniszuschläge und andere Zulagen. *Nicht* zum Grundlohn gehören Einmalzahlungen, Überstundenvergütungen, steuerfreie und pauschalversteuerte Lohnbestandteile.
- Der Grundlohn ist für die für den Arbeitnehmer geltende Arbeitszeit zu ermitteln. Zu ermitteln sind der Basisgrundlohn und die Grundlohnzusätze.
- **Basisgrundlohn** ist der für den jeweiligen Lohnzahlungszeitraum vereinbarte Grundlohn. Er ändert sich erst, wenn eine Lohnerhöhung oder eine Veränderung in der regelmäßigen Arbeitszeit eintritt.
- **Grundlohnzusätze** sind die Teile des Grundlohns, die nicht im Voraus bestimmbar sind, wie z.B. Erschwerniszulagen oder Leistungszulagen. Sie sind mit den Beträgen in den Grundlohn einzubeziehen, die dem Arbeitnehmer für den jeweiligen Lohnzahlungszeitraum tatsächlich zustehen.
- Dabei ist es zulässig, aus Vereinfachungsgründen **zeitversetzt** zu arbeiten. In der Regel ist der Grundlohn für den Lohnzahlungszeitraum zu ermitteln, in dem die begünstigte Arbeitsleistung erbracht wurde. Aus Vereinfachungsgründen kann der Grundlohn des Lohnzahlungszeitraums angesetzt werden, in dem die Zuschläge gezahlt werden (z.B. wenn die Januar-Zuschläge im Februar gezahlt werden und zeitversetzt so weitergearbeitet wird).
- Der sich aus dem Basisgrundlohn und den Grundlohnzusätzen für den jeweiligen Lohnzahlungszeitraum ergebende Wert ist auf einen Stundenlohn umzurechnen. Dabei ist im Falle eines monatlichen Lohnzahlungszeitraums die regelmäßige wöchentliche Arbeitszeit mit dem **4,35-fachen** anzusetzen.

! **Beispiel**

Karl Gelassen (Berlin – Rechtskreis West – 9% Kirchensteuer) hat im September 2017 zusätzlich zu seiner regulären 38-Stunden-Woche wie folgt gearbeitet:

- am Samstag, den 9.9., zusätzlich von 22.00 Uhr bis Sonntag, 10.9., 6.00 Uhr;

- am Sonntag, den 10.9., von 22.00 Uhr bis Montag, 11.9., 6.00 Uhr. Dafür entfiel am Montag, den 11.9., die normale 8-Stunden-Schicht.

Es soll die höchstmögliche Bemessungsgrundlage für die steuerfreien SFN-Zuschläge ermittelt werden.

- Stundenlohn: 12,25 EUR
- Erschwerniszulage: 0,95 EUR pro Stunde für besondere Belastungen (im September für 78 Stunden)
- Arbeitszeit: 38-Stunden-Woche (montags bis donnerstags 8 Stunden, freitags 6 Stunden)
- 12 Überstunden im September (siehe nachfolgende Zeiterfassungstabelle)
- Steuerliche Abzugsmerkmale: Steuerklasse IV / 0,5 Kinderfreibeträge / römisch-katholisch, 80 EUR monatlichen Freibetrag
- Krankenkasse: AOK Nordost (Zusatzbeitrag 0,9%)
- VWL-Zuschuss des Arbeitgebers: 27 EUR monatlich
- VWL-Überweisung: 40 EUR monatlich

Ermittlung des Grundlohns:

Basisgrundlohn:	
12,25 EUR x 38 Stunden x 4.35	2.024,93 EUR
+ VWL-Zuschuss	27,00 EUR
	2.051,93 EUR
Grundlohnzusätze:	
Erschwerniszulagen: 0,95 EUR x 78 Stunden	74,10 EUR
Grundlohn für Monat September:	2.126,03 EUR
Auf einen Stundenlohn heruntergerechnet:	
2.126,03 EUR : (38 Stunden x 4,35)	12,86 EUR

Die 12,86 EUR sind die höchstmögliche Bemessungsgrundlage für die SFN-Zuschläge, d.h. der Grundlohn i.S. des §3b EStG.

Zeiterfassung für Monat September:

Datum	Soll-Stunden	Ist-Stunden	Über-Stunden	Nacht-Stunden 25%	Nacht-Stunden 40%	Sonntags-stunden 50%
1.9.	6	6				
4.9.	8	10	2			

Datum	Soll-Stunden	Ist-Stunden	Über-Stunden	Nacht-Stunden 25%	Nacht-Stunden 40%	Sonntagsstunden 50%
5.9.	8	8				
6.9.	8	8				
7.9.	8	8				
8.9.	6	6				
9.9.		2	2	2		
10.9.		8	8	4	4	8
11.9.	8	6	-2	2	4	4
12.9.	8	8				
13.9.	8	8				
14.9.	8	8				
15.9.	6	6				
18.9.	8	8				
19.9.	8	8				
20.9.	8	8				
21.9.	8	8				
22.9.	6	8	2			
25.9.	8	8				
26.9.	8	8				
27.9.	8	8				
28.9.	8	8				
29.9.	6	6				
Ges.	158	170	12	8	8	12
		x 12,25 EUR	x 12,25 EUR + 25%	x 12,86 EUR	x 12,86 EUR	x 12,86 EUR

Mit diesen Zahlen wird die Abrechnung erstellt:

Arbeitgeber: Metallbau Max Schraube GmbH			
Arbeitnehmer: Karl Gelassen			
Zeitraum: 1.9. – 30.9.2017			
Bruttolohn	Steuer-pflichtig	steuerfrei	Gesamt-brutto
158 Std. x 12,25 EUR	1.935,50 EUR		1.935,50 EUR
78 Std. Erschwerniszulage x 0,95 EUR	74,10 EUR		74,10 EUR
12 Überstunden x 12,25 EUR	147,00 EUR		147,00 EUR
25% Überstundenzuschlag	36,75 EUR		36,75 EUR
VWL-Zuschuss	27,00 EUR		27,00 EUR
25% Nachtzuschlag von 12,86 EUR		**25,72 EUR**	**25,72 EUR**
40% Nachtzuschlag von 12,86 EUR		**41,16 EUR**	**41,16 EUR**
50% Sonntagszuschlag von 12,86 EUR		**77,16 EUR**	**77,16 EUR**
Gesamtbrutto	2.220,35 EUR	144,04 EUR	2.364,39 EUR
Steuerbrutto	2.220,35 EUR		
– Steuerfreibetrag	-80,00 EUR		
Nach Tabelle zu versteuern	2.140,35 EUR		
Lohnsteuer	221,33 EUR		
Solidaritätszuschlag	9,93 EUR		
Kirchensteuer	16,25 EUR		
Steuerrechtliche Abzüge			-247,51 EUR
KV (7,3% + 0,9% ZB) von 2.220,35 EUR	182,07 EUR		
RV (9,35%) von 2.220,35 EUR	207,60 EUR		
AV (1,5%) von 2.220,35 EUR	33,31 EUR		
PV (1,275%) von 2.220,35 EUR	28,31 EUR		
SV-rechtliche Abzüge			-451,29 EUR
Gesetzliches Netto			1.665,59 EUR
VWL-Überweisung			-40,00 EUR
Auszahlbetrag			1.625,59 EUR

Arbeitgeberanteil von 2220,35 EUR:	
KV (7,3%)	162,09 EUR
RV (9,35%)	207,60 EUR
AV (1,5%)	33,31 EUR
PV (1,275%)	28,31 EUR
Umlage 1 (2,5%)	55,51 EUR
Umlage 2 (0,59%)	13,10 EUR
Insolvenzgeldumlage (0,09%)	2,00 EUR
Gesamtaufwand Arbeitgeber	501,92 EUR

5.6 Geringfügig Beschäftigte – Minijobs

Ein Minijob ist eine geringfügige Beschäftigung. Geringfügig bedeutet, dass es eine bestimmte Verdienstgrenze oder bestimmte Zeitgrenzen gibt. Ein Minijobber kann im gewerblichen Bereich oder im Privathaushalt beschäftigt sein. Die gesetzliche Grundlage finden Sie im §8 SGB IV. Ausführliche Informationen finden Sie auf der Internetseite www.minijob-zentrale.de.

Die Minijobs werden in zwei Gruppen unterteilt:

- in geringfügig entlohnte Beschäftigungen, die sog. 450-Euro-Jobs, und
- kurzfristige Beschäftigungen.

5.6.1 Geringfügig entlohnte Beschäftigung

Eine geringfügig entlohnte Beschäftigung (§8 Abs. 1 Nr. 1 SGB IV) liegt vor, wenn das Arbeitsentgelt aus dieser Tätigkeit regelmäßig im Monat 450 Euro nicht übersteigt. Regelmäßig heißt, dass der Arbeitslohn gelegentlich schwanken darf, wenn die Arbeitsentgeltgrenze von 5.400 Euro pro Jahr insgesamt eingehalten wird. Ein gelegentliches und **nicht vorhersehbares Überschreiten** (z.B. durch plötzlich benötigte Krankheitsvertretung) der Geringfügigkeitsgrenzen (5.400 Euro im Jahr) führt nicht zur Versicherungspflicht. Als gelegentlich ist dabei ein Zeitraum von bis zu drei Monaten anzusehen.

Wird im Durchschnitt die 450-Euro-Grenze im Laufe des Jahres überschritten und ist absehbar, dass dadurch die Jahresgrenze überschritten wird, ist der Arbeitnehmer ab diesem Zeitpunkt nicht mehr geringfügig beschäftigt. Das Beschäftigungsverhältnis wird dann aber, sofern der Arbeitgeber seinen Prüfpflichten nachgekommen ist, erst für die Zukunft und nicht rückwirkend sozialversicherungspflichtig.

Die wöchentliche bzw. monatliche Arbeitszeit ist für die SV-rechtliche Beurteilung als Minijob unerheblich.

Mit der Einführung des gesetzlichen Mindestlohns ab 1.1.2015 und dessen Erhöhung ab 1.7.2017 auf 8,84 Euro muss der Arbeitgeber darauf achten, dass dieser Mindestlohn bis auf wenige Ausnahmen auch für geringfügig Beschäftigte gilt. Die monatliche Arbeitszeit darf höchsten 50,9 Stunden betragen (450 EUR : 8,84 EUR), die **durchschnittliche** wöchentliche Arbeitszeit also maximal 11,75 Stunden (50,9 Std. : 4,33).

Ein 450-Euro-Job kann neben einer versicherungspflichtigen Hauptbeschäftigung, neben einer kurzfristigen Beschäftigung oder auch neben einer selbstständigen Hauptbeschäftigung ausgeübt werden. Mehrere Minijobs sind zusammenzurechnen (siehe dazu Kapitel 5.6.1.7).

Bei Aufnahme eines Minijobs ab dem 1.1.2013 ist das Arbeitsverhältnis für den Beschäftigten

- versicherungsfrei
  - in der Krankenversicherung (§7 Abs. 1 S.1 SGB V),
  - in der Arbeitslosenversicherung (§27 Abs. 2 S.1 SGB III),
  - in der Pflegeversicherung (§20 SGB XI); aber
- versicherungspflichtig
  - in der Rentenversicherung (§1 S.1 Nr. 1 SGB VI); von dieser kann sich der Arbeitnehmer auf Antrag befreien lassen (§6 Abs. 1b SGB VI). Ein entsprechendes Formular findet man u.a. unter www.minijob-zentrale.de.

Minijobs, die vor dem 1.1.2013 aufgenommen wurden und bei denen der Arbeitnehmer auch weiterhin maximal 400 Euro verdient, sind in allen vier Zweigen, also auch in der Rentenversicherung versicherungsfrei (§230 Abs. 8 S.1 SGB VI). Sobald diese nach dem 1.1.2013 auf maximal 450 Euro aufgestockt wurden oder werden, werden auch sie nach neuem Recht versicherungspflichtig in der Rentenversicherung.

Mindestbemessungsgrundlage
Die Mindestbemessungsgrundlage für Beiträge der Deutschen Rentenversicherung beträgt 175 Euro. D. h., auch wenn der Arbeitnehmer weniger als 175 Euro verdient, muss ein Beitrag von 18,7% von 175 Euro abgeführt werden. Der Arbeitgeber zahlt 15% des tatsächlichen Bruttoentgelts, der Arbeitnehmer muss die Differenz übernehmen (siehe Beispiel 7 unter Kapitel 5.6.1.8).

5.6.1.1 AG-Abgabepflicht bei 450-Euro-Minijobs im Unternehmen

Die Abgaben für den Arbeitgeber bei Minijobs sind nicht identisch mit den Arbeitgeberbeiträgen für alle anderen Arbeitnehmer.

Der Arbeitgeber hat folgende Pauschalabgaben zu entrichten:
- Krankenversicherung (§249b S.1 SGB V): 13%
  Bei **privat** krankenversicherten Arbeitnehmern entfällt diese Pauschale.
- Rentenversicherung (§168 Abs. 1 Nr. 1b sowie §172 Abs. 3 SGB VI): 15%

5.6.1.2 AG-Abgabepflicht bei 450-Euro-Minijobs im Privathaushalt

Ein Minijob im Privathaushalt liegt vor, wenn diese Beschäftigung durch den Privathaushalt begründet ist und sonst durch Mitglieder des privaten Haushalts erledigt wird. Dazu gehören sämtliche Haushaltstätigkeiten, die Betreuung von Kindern und die Pflege von Familienangehörigen. Der Arbeitgeber hat folgende Pauschalabgaben zu entrichten:
- Krankenversicherung (§249b S.2 SGB V): 5%
  Bei **privat** krankenversicherten Arbeitnehmern entfällt diese Pauschale.
- Rentenversicherung (§168 Abs. 1 Nr. 1c sowie §172 Abs. 3a SGB VI): 5%

5.6.1.3 Steuerpflicht von 450-Euro-Minijobs

Entgegen einer weitverbreiteten Meinung sind Minijobs nicht steuerfrei! Minijobs sind immer steuerpflichtig.

Bei Minijobs kann man zwischen individueller Versteuerung anhand der Lohnsteuerabzugsmerkmale und pauschaler Versteuerung wählen. Man kann sich für die günstigere Variante entscheiden, das ist allerdings nicht immer so leicht zu beurteilen.

Die wohl bekannteste Methode ist die Pauschalversteuerung mit 2% einheitlicher Pauschsteuer (§40a Abs. 2 EStG). Sofern dies die einzige geringfügig entlohnte Beschäftigung des Arbeitnehmers (auch neben einer Hauptbeschäftigung) darstellt, kann der Arbeitslohn aus dem 450-Euro-Job grundsätzlich mit 2% versteuert werden. Die Pauschsteuer kann vom Arbeitgeber getragen oder auf den Arbeitnehmer abgewälzt werden. Die pauschale Lohnsteuer wird nicht auf der Lohnsteuerbescheinigung des Arbeitnehmers bescheinigt; es besteht auch nicht die Möglichkeit, sich diese im Rahmen der Einkommensteuerveranlagung anrechnen zu lassen.

450-Euro-Jobs dürfen aber auch immer nach den Lohnsteuerabzugsmerkmalen des Arbeitnehmers versteuert werden. Die individuelle Versteuerung ist vorrangig; die Pauschalversteuerung ist immer die Option. Für die individuelle Versteuerung ruft der Arbeitgeber die Lohnsteuerabzugsmerkmale mit Hilfe der steuerlichen ID-Nummer des Arbeitnehmers aus der ELStAM-Datenbank ab.

Achtung !

Wann sollte er die individuelle Versteuerung auf keinen Fall wählen?
Wenn der Arbeitnehmer den Minijob neben einer Hauptbeschäftigung ausübt, müsste die Versteuerung mit der Steuerklasse VI erfolgen. Der Minijob würde außerdem in die Einkommensteuerveranlagung einfließen.

Wann kann man diese Versteuerung empfehlen?
Wenn der Arbeitnehmer nur diese eine Beschäftigung ausübt, beträgt die Lohnsteuer bei 450 Euro in den Steuerklassen I, II, III und IV 0,00 EUR. Insofern kann man die 2% Pauschsteuer sparen.

Aber Vorsicht! Individuell versteuerter Arbeitslohn fließt immer in die Einkommensteuerveranlagung ein (besonders zu beachten bei Steuerklasse III und IV). Bei Schülern z.B., die nur diesen einen Minijob ausüben und i.d.R. auch keine weiteren zu versteuernden Einkünfte haben, ist die Versteuerung nach Steuerklasse I unproblematisch und führt auch zu keiner nachträglichen Veranlagung. Bei Rentnern ist die Entscheidung schon nicht mehr so eindeutig, da diese den Minijob in Zusammenhang mit ihrer Rente und ggf. weiteren steuerpflichtigen Einnahmen beurteilen müssen.

Eher selten angewandt wird die Pauschalversteuerung eines 450-Euro-Minijobs mit 20% pauschaler Lohnsteuer (zzgl. Solidaritätszuschlag und ggf. Kirchensteuer). Diese kann angewandt werden, wenn der Arbeitnehmer mehrere 450-Euro-Minijob nebeneinander ausübt, die SV-rechtlich nicht mehr als Minijobs behandelt werden dürfen (siehe dazu Kapitel 5.6.1.8)

5.6.1.4 Umlagepflicht bei Minijobs

Auch für Minijobs sind grundsätzlich Umlagen zu entrichten. Geringfügig Beschäftigte haben einen Anspruch auf Entgeltfortzahlung im Krankheitsfall bis zu sechs Wochen. Arbeitgeber mit bis zu 30 vollzeitbeschäftigten Arbeitnehmern haben für ihre Minijobber die Umlage 1 für Krankheitsaufwendungen abzuführen. Schwangere Minijobberinnen haben ggf. Anspruch auf Mutterschutzlohn bzw. Zuschuss zum Mutterschaftsgeld. Die Umlage 2 für Mutterschaftsaufwendungen ist für alle Minijobber abzuführen. Auch die Insolvenzgeldumlage ist für geringfügig Beschäftigte zu zahlen.

5.6.1.5 Meldepflichten von Minijobs im Unternehmen

Für die Meldungen und den Einzug der Pauschalbeiträge und Pauschsteuern der geringfügig entlohnt Beschäftigten ist die Deutsche Rentenversicherung Knappschaft-Bahn-See zuständig. Sie hat für diese Aufgabe die »Minijob-Zentrale« eingerichtet.

Jeder geringfügig Beschäftigte ist bei der Deutschen Rentenversicherung Knappschaft-Bahn-See anzumelden, unabhängig davon, in welcher Krankenkasse er tatsächlich versichert ist. Für die Meldungen stehen besondere Personengruppenschlüssel zur Verfügung:

- für die 450-Euro-Minijobs: 109
- für die kurzfristigen Minijobs: 110

5.6.1.6 Meldepflichten von Minijobs im Privathaushalt (§8a SGB IV)

Für Privathaushalte gibt es das sog. Haushaltsscheckverfahren. Der »Haushaltsscheck« ist ein einseitiges Formular, mit dem der Arbeitgeber seine Haushaltshilfe bei der Minijob-Zentrale anmeldet. Auf Basis seiner Angaben zum Verdienst der Haushaltshilfe berechnet die Minijob-Zentrale die Abgaben. Gleichzeitig muss der Arbeitgeber der Minijob-Zentrale mit dem ersten Haushaltsscheck sein Einverständnis zum Lastschrifteinzug der fälligen Abgaben geben. Die Abgaben werden dann halbjährlich abgebucht.

Änderungen oder die Abmeldung der Haushaltshilfe kann man der Minijob-Zentrale mit dem Änderungsscheck melden.

5.6.1.7 Mehrere Minijobs (§8 Abs. 2 SGB IV)

Werden vom Arbeitnehmer mehrere geringfügig entlohnte Beschäftigungen bei verschiedenen Arbeitgebern nebeneinander ausgeübt, dann sind für die versicherungsrechtliche Beurteilung die Arbeitsentgelte in den einzelnen Beschäftigungsverhältnissen zusammenzurechnen. Ergibt die Zusammenrechnung einen Gesamtbetrag von höchstens 450 Euro, bleiben alle Beschäftigungen versicherungsfrei in der Kranken-, Arbeitslosen- und Pflegeversicherung. In der Rentenversicherung besteht für jede einzelne Beschäftigung grundsätzlich Versicherungspflicht, es sei denn, der Arbeitnehmer hat sich einheitlich befreien lassen.

Achtung !

Übersteigen die zusammengerechneten Entgelte die monatliche Grenze von 450 Euro, tritt für jedes Beschäftigungsverhältnis Versicherungspflicht in allen Zweigen der Sozialversicherung ein.

Die Zusammenrechnung hat auch steuerliche Konsequenzen. Die Möglichkeit der 2%igen Steuerpauschalierung entfällt. Zur Versteuerung kann der Arbeitgeber die Lohnsteuer nach den allgemeinen lohnsteuerlichen Vorschriften anhand der ELStAM des Arbeitnehmers ermitteln oder die Lohnsteuer gem. §40a Abs. 2a EStG pauschal mit 20% zzgl. Solidaritätszuschlag und ggf. Kirchensteuer erheben.

5.6.1.8 Abrechnungsbeispiele für jeweils ein Beschäftigungsverhältnis

!

Beispiel 1 (Standardfall)

1. Die Putzfrau Elli Emsig arbeitet 11,5 Std./Woche bei der CHAOS Computer GmbH.
2. Sie erhält dafür einen Festlohn in Höhe von 450 Euro monatlich.
3. Sie hat keine weiteren Beschäftigungsverhältnisse.
4. Sie ist verheiratet und familienversichert in der KKH.
5. Sie hat sich **nicht** von der RV-Pflicht befreien lassen.
6. Der Arbeitgeber muss sie bei der Knappschaft-Bahn-See »Minijobzentrale« anmelden.

Arbeitgeber: CHAOS Computer GmbH	
Arbeitnehmer: Elli Emsig Beitragsgruppenschlüssel: 6 1 0 0	
Zeitraum: 1.1. – 31.1.2017	
Bruttolohn	450,00 EUR
Gesetzliche Abzüge: 3,7% RV	16,65 EUR
Auszahlbetrag:	433,35 EUR
Arbeitgeberanteil:	
13% KV	58,50 EUR
15% RV	67,50 EUR
2% Pauschsteuer	9,00 EUR
0,9% Umlage 1 (bei bis zu 30 AN)	4,05 EUR
0,3% Umlage 2	1,35 EUR

Arbeitgeberanteil:	
0,09% Insolvenzgeldumlage	0,41 EUR
Arbeitgeberbelastung:	140,81 EUR

Beispiel 2

!

1. Die Putzfrau Elke Emsig arbeitet 11,5 Std./Woche bei der CHAOS Computer GmbH.
2. Sie erhält dafür einen Festlohn in Höhe von 450 Euro monatlich.
3. Sie hat keine weiteren Beschäftigungsverhältnisse.
4. **Sie ist verheiratet und privat krankenversichert.**
5. **Sie hat sich von der RV-Pflicht befreien lassen.**
6. Der Arbeitgeber muss sie bei der Knappschaft-Bahn-See »Minijobzentrale« anmelden.
7. Der Arbeitgeber von Elke Emsig möchte sie nach den Lohnsteuerabzugsmerkmalen versteuern. Da sie dies nicht wünscht, wälzt der Arbeitgeber die Pauschsteuer auf die Arbeitnehmerin ab.

Arbeitgeber: CHAOS Computer GmbH	
Arbeitnehmer: Elke Emsig Beitragsgruppenschlüssel: 0 5 0 0	
Zeitraum: 1.1. – 31.1.2017	
Bruttolohn	450,00 EUR
Gesetzliche Abzüge: keine	
Abwälzungsbetrag (2% Pauschsteuer)	9,00 EUR
Auszahlbetrag:	441,00 EUR

Arbeitgeberanteil:	
13% KV entfällt	
15% RV	67,50 EUR
2% Pauschsteuer entfällt	
0,9% Umlage 1 (bei bis zu 30 AN)	4,05 EUR

Arbeitgeberanteil:	
0,3% Umlage 2	1,35 EUR
0,09% Insolvenzgeldumlage	0,41 EUR
Arbeitgeberbelastung:	73,31 EUR

!

Beispiel 3

Die Putzfrau Elisabeth Emsig arbeitet 11,5 Std./Woche bei der CHAOS Computer GmbH. Sie erhält dafür einen Festlohn in Höhe von 450 Euro monatlich. Sie hat keine weiteren Beschäftigungsverhältnisse. Sie ist 64 Jahre alt und Altersrentnerin mit vorgezogener Altersrente.

1. Sie ist verheiratet (ihr Ehemann ist noch voll berufstätig) und gesetzlich krankenversichert.
2. **Sie bleibt bis zum Erreichen der Regelaltersrente RV-pflichtig, kann sich davon jedoch befreien lassen.**
3. **Die Versteuerung nach den Lohnsteuerabzugsmerkmalen erscheint hier ungünstig.**
4. Der Arbeitgeber übernimmt die Pauschsteuer.
5. Der Arbeitgeber muss sie bei der Knappschaft-Bahn-See »Minijobzentrale« anmelden.

Arbeitgeber: CHAOS Computer GmbH	
Arbeitnehmer: Elisabeth Emsig Beitragsgruppenschlüssel: 6 1 0 0	
Zeitraum: 1.1. – 31.1.2017	
Bruttolohn	450,00 EUR
Gesetzliche Abzüge: 3,7% RV	16,65 EUR
Auszahlbetrag:	433,35 EUR

Arbeitgeberanteil:	
13% KV	58,50 EUR
15% RV	67,50 EUR

Arbeitgeberanteil:	
2% Pauschsteuer	9,00 EUR
0,9% Umlage 1 (bei bis zu 30 AN)	4,05 EUR
0,3% Umlage 2	1,35 EUR
0,09% Insolvenzgeldumlage	0,41 EUR
Arbeitgeberbelastung:	140,81 EUR

Beispiel 4 !

1. Die Putzfrau Susi Sauber arbeitet ebenfalls 11,5 Std./Woche bei der CHAOS Computer GmbH.
2. Sie erhält dafür einen Festlohn in Höhe von 450 Euro monatlich.
3. Sie hat keine weiteren Beschäftigungsverhältnisse.
4. Sie ist 66 Jahre alt und Regelaltersrentnerin.
5. Sie ist verwitwet und gesetzlich krankenversichert.
6. **Sie braucht sich nicht von der RV-Pflicht befreien lassen, da sie bereits Regelaltersrente erhält.**
7. Die Versteuerung soll nach den Lohnsteuerabzugsmerkmalen (Lohnsteuerklasse I) erfolgen.
8. Der Arbeitgeber muss sie bei der Knappschaft-Bahn-See »Minijobzentrale« anmelden.

Arbeitgeber: CHAOS Computer GmbH	
Arbeitnehmer: Susi Sauber Beitragsgruppenschlüssel: 6 5 0 0	
Zeitraum: 1.1. – 31.1.2017	
Bruttolohn	450,00 EUR
Gesetzliche Abzüge: Lohnsteuerklasse I	0,00 EUR
Auszahlbetrag:	450,00 EUR

Arbeitgeberanteil:	
13% KV	58,50 EUR
15% RV	67,50 EUR
2% Pauschsteuer entfällt	
0,9% Umlage 1 (bei bis zu 30 AN)	4,05 EUR
0,3% Umlage 2	1,35 EUR
0,09% Insolvenzgeldumlage	0,41 EUR
Arbeitgeberbelastung:	131,81 EUR

!

Beispiel 5

1. Auch die Putzfrau Rita Reinlich arbeitet 11,5 Std./Woche bei der CHAOS Computer GmbH.
2. Sie erhält dafür einen Festlohn in Höhe von 450 Euro monatlich.
3. Sie hat keine weiteren Beschäftigungsverhältnisse.
4. **Sie ist 60 Jahre alt und erhält eine Erwerbsunfähigkeitsrente.**
5. Sie ist ledig und gesetzlich krankenversichert.
6. **Sie ist RV-pflichtig, solange sie nicht Regelaltersrentnerin ist.**
7. Die Versteuerung soll nach den Lohnsteuerabzugsmerkmalen (Lohnsteuerklasse I) erfolgen.
8. Der Arbeitgeber muss sie bei der Knappschaft-Bahn-See »Minijobzentrale« anmelden.

Arbeitgeber: CHAOS Computer GmbH	
Arbeitnehmer: Rita Reinlich Beitragsgruppenschlüssel: 6 1 0 0	
Zeitraum: 1.1. – 31.1.2017	
Bruttolohn	450,00 EUR
Gesetzliche Abzüge: 3,7% RV	16,65 EUR
Auszahlbetrag:	433,35 EUR

Arbeitgeberanteil bleibt gleich Beispiel 4.

!

Beispiel 6 – Minijob neben Hauptjob

Emilie Eilig übt neben einer versicherungspflichtigen Teilzeitbeschäftigung eine geringfügige Beschäftigung im Privathaushalt von Dr. Todt aus. Sie erhält dafür einen Festlohn in Höhe von 450 Euro monatlich. **Sie hat sich von der RV-Pflicht befreien lassen, da sie in diesem Fall 13,7% Eigenanteil (die Differenz zu 18,7% Gesamtbeitrag) zahlen müsste. Die Pauschalsteuer in Höhe von 2% trägt der Arbeitgeber.** Der Arbeitgeber muss sie im Rahmen des Haushaltscheckverfahrens bei der Knappschaft-Bahn-See »Minijobzentrale« anmelden.

Arbeitgeber: Dr. Theodor Todt	
Arbeitnehmer: Emilie Eilig	
Zeitraum: 1.1. – 31.1.2017	
Bruttolohn	450,00 EUR
Gesetzliche Abzüge: entfällt	
Auszahlbetrag:	450,00 EUR

Arbeitgeberanteil:	
5% KV	22,50 EUR
5% RV	22,50 EUR
2% Pauschsteuer	9,00 EUR
0,9% Umlage 1	4,05 EUR
0,3% Umlage 2	1,35 EUR
0,09% Insolvenzgeldumlage entfällt	
1,6% Unfallumlage	7,20 EUR
Arbeitgeberbelastung:	66,60 EUR

!

Beispiel 7 – Mindestbemessungsgrundlage

Die Putzfrau Eleonore Emsig arbeitet 2,5 Std./Woche bei der CHAOS Computer GmbH. **Sie erhält dafür einen Festlohn in Höhe von 100 Euro monatlich.** Sie hat keine weiteren Beschäftigungsverhältnisse. Sie ist ledig und gesetzlich krankenversichert. **Sie hat sich nicht von der RV-Pflicht befreien lassen. Der Arbeitgeber wälzt die Pauschsteuer auf die Arbeitnehmerin ab.** Der Arbeitgeber muss sie bei der Knappschaft-Bahn-See »Minijobzentrale« anmelden.

Arbeitgeber: CHAOS Computer GmbH	
Arbeitnehmer: Eleonore Emsig	
Zeitraum: 1.1. – 31.1.2017	
Bruttolohn	100,00 EUR
Gesetzliche Abzüge: 18,7% RV von 175 EUR = 32,73 EUR (Gesamt) 15,0% RV von 100 EUR = 15,00 EUR (AG) Differenz = 17,73 EUR (AN)	17,73 EUR
Abwälzungsbetrag: 2% Pauschsteuer	2,00 EUR
Auszahlbetrag:	80,27 EUR

Arbeitgeberanteil:	
13% KV	13,00 EUR
15% RV	15,00 EUR
2% Pauschsteuer entfällt	
0,9% Umlage 1 (bei bis zu 30 AN)	0,90 EUR
0,3% Umlage 2	0,30 EUR
0,09% Insolvenzgeldumlage	0,09 EUR
Arbeitgeberbelastung:	29,29 EUR

!

Beispiel 8 – Mehrere Minijobs, die zusammengerechnet werden

Die Putzfrau Eleonore Eifrig (ledig, Steuerklasse I, gesetzlich krankenversichert in der AOK Nordost) arbeitet **als Haushaltshilfe in drei verschiedenen Privathaushalten**. In jedem Haushalt ist sie mit einem Bruttolohn von 450 Euro beschäftigt. **Die Beschäftigungen müssen zusammengerechnet werden und sind somit in allen Zweigen der Sozialversicherung versicherungspflichtig (§8 Abs. 2 SGB IV).** Die Abrechnung über das Haushaltsscheckverfahren ist nicht mehr möglich. Jeder Arbeitgeber muss sie bei ihrer zuständigen Krankenkasse, der AOK Nordost, anmelden. Alle drei Arbeitgeber können sie nach ihren lohnsteuerlichen Abzugsmerkmalen versteuern. **Dabei kann jedoch nur der erste Arbeitgeber die Versteuerung nach der Steuerklasse I vornehmen; die beiden anderen müssen sich als Nebenarbeitgeber anmelden und mit Steuerklasse VI abrechnen.** Die Pauschalversteuerung mit 20% kann optional von allen drei Arbeitgebern vorgenommen werden.

Abrechnung des ersten Arbeitgebers:

Arbeitgeber: Paula Privathaushalt		
Arbeitnehmer: Eleonore Eifrig		
Zeitraum: 1.1. – 31.1.2017		
Bruttolohn		450,00 EUR
Lohnsteuer Kl. I	0,00 EUR	
Solidaritätszuschlag	0,00 EUR	
Kirchensteuer	0,00 EUR	
Steuerrechtliche Abzüge		-0,00 EUR
KV (7,3% + 0,9% ZB)	36,90 EUR	
RV (9,35%)	42,08 EUR	
AV (1,5%)	6,75 EUR	
PV (1,525%)	6,86 EUR	
SV-rechtliche Abzüge		-92,59 EUR
Gesetzliches Netto		357,41 EUR
Auszahlbetrag		357,41 EUR

Arbeitgeberanteil:	
7,3% KV	32,85 EUR
9,35% RV	42,08 EUR
1,5% AV	6,75 EUR
1,275% PV	5,74 EUR
2,5% Umlage 1	11,25 EUR
0,59% Umlage 2	2,66 EUR
0,09% Insolvenzgeldumlage	Entfällt beim Privathaushalt
Arbeitgeberbelastung:	101,33 EUR

Abrechnung des zweiten Arbeitgebers:

Arbeitgeber: Peter Privathaushalt		
Arbeitnehmer: Eleonore Eifrig		
Zeitraum: 1.1. – 31.1.2017		
Bruttolohn		450,00 EUR
Lohnsteuer Kl. VI	51,41 EUR	
Solidaritätszuschlag	0,00 EUR	
Kirchensteuer	4,62 EUR	
Steuerrechtliche Abzüge		-56,03 EUR
KV (7,3% + 0,9% ZB)	36,90 EUR	
RV (9,35%)	42,08 EUR	
AV (1,5%)	6,75 EUR	
PV (1,525%)	6,86 EUR	
SV-rechtliche Abzüge		-92,59 EUR
Gesetzliches Netto		301,38 EUR
Auszahlbetrag		301,38 EUR

Der Arbeitgeberanteil entspricht dem von Arbeitgeber 1.

Abrechnung des dritten Arbeitgebers (entweder auch mit Steuerklasse VI wie der zweite AG oder wie folgt mit 20% Pauschalsteuer[1]):

Arbeitgeber: Petra Privathaushalt		
Arbeitnehmer: Eleonore Eifrig		
Zeitraum: 1.1. – 31.1.2017		
Bruttolohn		450,00 EUR
20% pauschale Lohnsteuer	90,00 EUR	
5,5% Solidaritätszuschlag	4,95 EUR	
9% Kirchensteuer	8,10 EUR	
Steuerrechtliche Abzüge		-103,05 EUR
KV (7,3% + 0,9% ZB)	36,90 EUR	
RV (9,35%)	42,08 EUR	
AV (1,5%)	6,75 EUR	
PV (1,525%)	6,86 EUR	
SV-rechtliche Abzüge		-92,59 EUR
Gesetzliches Netto		254,36 EUR
Auszahlbetrag		254,36 EUR

Der Arbeitgeberanteil entspricht ebenfalls dem von Arbeitgeber 1.

5.6.2 Kurzfristige Beschäftigung

Kurzfristige Beschäftigungen (§8 Abs. 1 Nr. 2 i. V. mit §115 SGB IV) fallen ebenfalls unter die Definition der geringfügigen Beschäftigung und werden auch kurzfristige Minijobs genannt. Wichtig hierbei ist, dass der Minijobber im Laufe eines Kalenderjahres nicht mehr als drei Monate oder insgesamt 70 Arbeitstage arbeitet. Diese Regelung gilt bis 31.12.2018. Danach sind es

1 Diese hat zur Folge, dass sie bei der ESt-Veranlagung nicht angerechnet wird.

wieder zwei Monate und 50 Arbeitstage im Kalenderjahr. Der Arbeitnehmer arbeitet also nicht regelmäßig, sondern nur gelegentlich – die Höhe des Verdienstes spielt hier keine Rolle, es können weit mehr als 450 Euro monatlich und mehr als 5.400 Euro im Jahr verdient werden.

Die **Kurzfristigkeit** ist steuerrechtlich und SV-rechtlich getrennt zu beurteilen.

SV-rechtlich liegt eine kurzfristige Beschäftigung bei folgenden Gegebenheiten vor:

- Der Vertrag ist von vornherein auf diese Tätigkeit, z.B. Weihnachtsmarktaushilfe, begrenzt.
- Die Befristung wurde von vornherein schriftlich vereinbart.
- Eine Dauerbeschäftigung liegt nicht vor.
- Berufsmäßigkeit liegt nicht vor, z.B., wenn die Arbeitnehmerin Schülerin ist und nach den Ferien weiter zur Schule geht.

Steuerrechtlich ist zu prüfen, ob der Arbeitslohn individuell zu versteuern ist oder pauschal versteuert werden kann. Auch hier ist die individuelle Versteuerung vorrangig; die Pauschalversteuerung mit 25% gem. §40a Abs. 1 EStG) ist eine Option.

Die Pauschalversteuerung kann angewandt werden, wenn

- maximal 18 zusammenhängende Arbeitstage vorliegen und
- der Arbeitslohn maximal 72 Euro pro Arbeitstag beträgt oder
- die Beschäftigung zu einem unvorhersehbaren Zeitpunkt erforderlich wird.

In jedem Fall darf der Arbeitslohn durchschnittlich 12 EUR/Std. nicht übersteigen (§40a Abs. 4 Nr. 1 EStG).

! **Beispiel**

Helene Hilfreich ist Schülerin und 17 Jahre alt. Sie arbeitet in den Sommerferien für drei Wochen als Urlaubsvertretung in einer Bäckerei. Sie arbeitet vom 3.7.2017 bis 22.7.2017 jeweils von Montag bis Samstag (insgesamt 18 zusammenhängende Arbeitstage) täglich sechs Stunden. Sie erhält einen Stundenlohn von 8 Euro[2].

- SV-rechtlich ist von Kurzfristigkeit auszugehen, da alle geforderten Kriterien (s. o.) erfüllt sind.
- Steuerrechtlich gibt es drei verschiedene Varianten. Für die Pauschalversteuerung mit 25% sind alle geforderten Kriterien erfüllt. Man sollte sich aber überlegen, dass diese Variante gerade bei Schülern eher die ungünstigere Variante darstellt. Die Übernahme der Pauschalsteuer durch den Arbeitgeber ist sicher für den Arbeitnehmer günstig; für den Arbeitgeber sind es aber zusätzliche (vermeidbare) Kosten. Die Abwälzung auf die Arbeitnehmerin ist zwar möglich, aber für die Arbeitnehmerin sicher eine herbe Enttäuschung, da ihr Netto-Stundenlohn so auf 5,71 EUR sinkt. Die Versteuerung nach den ELStAM ist hier die beste Möglichkeit, da die Arbeitnehmerin sich die gezahlte Lohnsteuer im Rahmen der Einkommensteuerveranlagung vom Finanzamt zurückholen kann.

Arbeitgeber: Bäckermeister Bert Brötchen

Arbeitnehmer: Helene Hilfreich

Zeitraum: 3.7. – 22.7.2017

Bruttolohn	**1.Variante: Versteuerung nach ELStAM**	**2.Variante: Pauschalversteuerung mit Abwälzung**	**3.Variante: Pauschalversteuerung ohne Abwälzung**
18 AT x 6 Std. x 8 EUR	864,00 EUR	864,00 EUR	864,00 EUR
Lohnsteuer Kl. I nach Tagestabelle	-38,60 EUR		
25% Pauschalsteuer		-216,00 EUR	
Solidaritätszuschlag	-0,00 EUR	-11,88 EUR	
Kirchensteuer	-3,40 EUR	-19,44 EUR	
SV-Beiträge	-0,00 EUR	-0,00 EUR	-0,00 EUR
Auszahlbetrag	**822,00 EUR**	**616,68 EUR**	**864,00 EUR**

2 Für Jugendliche unter 18 Jahren ohne abgeschlossene Berufsausbildung gilt der Mindestlohn von 8,84 EUR nicht.

Arbeitgeberanteil:			
25% Pauschalsteuer			216,00 EUR
5,5% Solidaritätszuschlag			11,88 EUR
9% Kirchensteuer			19,44 EUR
Umlage 2 (0,3%)	2,59 EUR	2,59 EUR	2,59 EUR
Insolvenzgeldumlage (0,9%)	0,78 EUR	0,78 EUR	0,78 EUR
Gesamtbelastung	**3,37 EUR**	**3,37 EUR**	**250,69 EUR**

5.7 Auszubildende

Auszubildende sind Arbeitnehmer im steuerrechtlichen und SV-rechtlichen Sinne. Bei der Beschäftigung von Auszubildenden sind vor allem das Jugendarbeitsschutzgesetz sowie die Vorschriften des Berufsbildungsgesetzes zu beachten. Die Festlegung der Ausbildungsvergütung ist tarifrechtlichen und einzelvertraglichen Regelungen vorbehalten. Studenten in einem dualen Studium, bei dem sich Studienphasen mit Praxisphasen abwechseln, werden grundsätzlich den zur Berufsausbildung Beschäftigten gleichgestellt.

Im steuerrechtlichen Sinne bestehen keine Besonderheiten. Die Ausbildungsvergütung ist wie bei anderen Arbeitnehmern als laufender Arbeitslohn nach den individuellen Lohnsteuerabzugsmerkmalen zu versteuern. Bei Lohnsteuerklasse I fällt bei einer monatlichen Ausbildungsvergütung bis 1.000 Euro keine Lohnsteuer an.

Eine Besonderheit gilt für Auszubildende, die maximal 325 Euro Ausbildungsvergütung erhalten. Sie werden als sog. Geringverdiener im SV-rechtlichen Sinne bezeichnet. Hier trägt der Arbeitgeber die Sozialversicherungsbeiträge in voller Höhe allein. Ein Auszubildender mit 320 Euro Ausbildungsvergütung erhält dadurch mehr ausgezahlt als ein Auszubildender mit 400 Euro Ausbildungsvergütung. Das ist ein wenig paradox, aber richtig und liegt an der Regelung für Geringverdiener (siehe die folgenden Beispiele).

!

Beispiel 1

Auszubildender Albert Ahnungslos mit 400 Euro Ausbildungsvergütung, Steuerklasse I, keine Kinderfreibeträge, keine Kirchensteuer, Krankenkasse: BARMER (1,1% Zusatzbeitrag), unter 23 Jahre alt, daher kein PV-Zuschlag

Arbeitgeber: Max Schraube GmbH		
Arbeitnehmer: Albert Ahnungslos		
Zeitraum: 1.1. – 31.1.2017		
Bruttolohn		Gesamtbrutto
Gehalt		400,00 EUR
Lohnsteuer	-0,00 EUR	
Solidaritätszuschlag	-0,00 EUR	
Kirchensteuer	-0,00 EUR	
Steuerrechtliche Abzüge		-0,00 EUR
KV (7,3% + 1,1% ZB)	-33,60 EUR	
RV (9,35%)	-37,40 EUR	
AV (1,5%)	-6,00 EUR	
PV (1,275%)	-5,10 EUR	
SV-rechtliche Abzüge		-82,10 EUR
Gesetzliches Netto		317,90 EUR
Auszahlbetrag		317,90 EUR

Arbeitgeberanteil:	
KV (7,3%)	29,20 EUR
RV (9,35%)	37,40 EUR
AV (1,5%)	6,00 EUR
PV (1,275%)	5,10 EUR

Arbeitgeberanteil:	
Umlage 1 (2,1%)	8,40 EUR
Umlage 2 (0,45%)	1,80 EUR
Insolvenzgeldumlage (0,09%)	0,36 EUR
Gesamt Arbeitgeberanteil	**88,26 EUR**

!

Beispiel 2

Auszubildende Susi Sorglos mit 320 Euro Ausbildungsvergütung, Steuerklasse I, keine Kinderfreibeträge, keine Kirchensteuer, Krankenkasse: BARMER (1,1% Zusatzbeitrag), unter 23 Jahre alt, daher kein PV-Zuschlag

Arbeitgeber: Friseursalon Tolle Locke		
Arbeitnehmer: Susi Sorglos		
Zeitraum: 1.1. – 31.1.2017		
Bruttolohn		Gesamtbrutto
Gehalt		320,00 EUR
Lohnsteuer	-0,00 EUR	
Solidaritätszuschlag	-0,00 EUR	
Kirchensteuer	-0,00 EUR	
Steuerrechtliche Abzüge		-0,00 EUR
KV	-0,00 EUR	
RV	-0,00 EUR	
AV	-0,00 EUR	
PV	-0,00 EUR	
SV-rechtliche Abzüge		-0,00 EUR
Gesetzliches Netto		320,00 EUR
Auszahlbetrag		320,00 EUR

Arbeitgeberanteil:	
KV (14,6%+1,1% durchschn. ZB)	50,24 EUR
RV (18,7%)	59,84 EUR
AV (3,0%)	9,60 EUR
PV (2,55%)	8,16 EUR
Umlage 1 (2,1%)	6,72 EUR
Umlage 2 (0,45%)	1,44 EUR
Insolvenzgeldumlage (0,09%)	0,29 EUR
Gesamt Arbeitgeberanteil	**136,29 EUR**

5.8 Studenten

Bei der Einstellung von Studenten gibt es diverse Besonderheiten zu beachten. Studenten können als

- geringfügig entlohnt Beschäftigte (450-Euro-Jobs – siehe Kapitel 5.6.1),
- kurzfristig Beschäftigte (siehe Kapitel 5.6.2)

abgerechnet werden, sofern sie die dafür geltenden Kriterien einhalten.

Werden diese jedoch überschritten, weil der Student entweder mehr als durchschnittlich 450 Euro im Monat verdient oder im Kalenderjahr mehr als 70 Arbeitstage (ab 2019 wieder 50 Arbeitstage) arbeitet, kommt die Abrechnung als

- Werkstudent (siehe folgendes Unterkapitel) oder
- voll versicherungspflichtig Beschäftigter (siehe Kapitel 5.1)

in Betracht.

Die Abrechnung als voll versicherungspflichtiger Arbeitnehmer muss erfolgen,

- wenn der Student die 20-Stunden-Grenze (s.u.) in unzulässiger Weise überschreitet,
- wenn der Student im Urlaubssemester arbeitet,
- bei Langzeitstudenten ab dem 26. Fachsemester,
- bei Teilzeitstudenten, wenn für das Studium weniger als die Hälfte der Zeit für ein Vollzeitstudium aufgewendet wird und
- bei dualen Studiengängen.

Werkstudenten

Als Werkstudenten gelten alle ordentlich Studierenden. Dies setzt voraus, dass der Student seine Arbeitskraft überwiegend dem Studium widmet und nur »nebenbei« arbeiten geht, d.h. maximal 20 Stunden pro Woche. Die 20-Stunden-Grenze darf in den Semesterferien generell überschritten werden, ansonsten nur, wenn der Student in den Abendstunden oder an den Wochenenden arbeitet und diese Überschreitung auf maximal sechs Monate befristet ist.

Der Student muss seine Immatrikulationsbescheinigung zu Beginn des jeweils aktuellen Semesters vorlegen.

Werkstudenten sind nur rentenversicherungspflichtig, in der Kranken-, Pflege- und Arbeitslosenversicherung fallen keine Beiträge an.

Der Student ist nicht über das Arbeitsverhältnis krankenversichert, sondern selbst versichert: entweder in der studentischen Krankenversicherung, in der privaten Krankenversicherung oder in der freiwilligen Krankenversicherung. Eine Familienversicherung ist nur bis zu einem monatlichen Durchschnittsverdienst von 450 Euro und bis zum 25. Lebensjahr möglich.

!

Beispiel

Steffen Studiosus arbeitet als Werkstudent maximal 20 Stunden pro Woche. Sein Stundenlohn beträgt 11,00 EUR. Er hat die Steuerklasse I, keine Kinderfreibeträge, keine Kirchensteuer. Seine Krankenkasse ist die KKH. Im Monat April 2017 hat er 80 Stunden gearbeitet:

Arbeitgeber: CHAOS Computer GmbH		
Arbeitnehmer: Steffen Studiosus		
Zeitraum: 1.4. – 30.4.2017		
Bruttolohn		Gesamtbrutto
80 Std. x 11,00 EUR		880,00 EUR
Lohnsteuer Kl. I	0,00	
Solidaritätszuschlag	0,00	
Kirchensteuer	Entfällt	
Steuerrechtliche Abzüge		0,00 EUR
KV	**Entfällt**	
9,35% RV	**82,28 EUR**	
AV	**Entfällt**	
PV	**Entfällt**	
SV-rechtliche Abzüge		-82,28 EUR
Gesetzliches Netto		797,72 EUR
Auszahlbetrag		797,72 EUR

Arbeitgeberanteil	
KV	Entfällt
RV (9,35%)	82,28 EUR
AV	Entfällt
PV	Entfällt
Umlage 1 (2,1%)	18,48 EUR

Arbeitgeberanteil	
Umlage 2 (0,38%)	3,34 EUR
Insolvenzgeldumlage (0,09%)	0,79 EUR
Gesamtaufwand Arbeitgeber	104,90 EUR

5.9 Praktikanten

Ein Praktikum wird durchgeführt, um berufspraktische Fähigkeiten zu erwerben. Es kann in einer Studien- oder Prüfungsordnung vorgeschrieben sein und ist dann verpflichtend durchzuführen; es kann aber auch freiwillig durchgeführt werden, um die eigenen Kenntnisse und Fähigkeiten zu vertiefen und die beruflichen Chancen zu verbessern.

Hier liegt schon einmal der erste wichtige Unterschied: Verpflichtende Praktika sind immer Teil der Ausbildung, freiwillige Praktika gelten als – befristete – Arbeitsverhältnisse. Weiterhin ist zwischen Vor-, Zwischen- und Nachpraktikum zu unterscheiden.

5.9.1 Pflichtpraktika

In den Studien- und Prüfungsordnungen zu zahlreichen Studiengängen sind Vor-, Zwischen- oder Nachpraktika vorgeschrieben. Diese gelten als unverzichtbares Ausbildungselement, ohne die der Abschluss nicht erworben werden kann.

5.9.1.1 Vorgeschriebenes Zwischenpraktikum

Beim verpflichtenden Zwischenpraktikum absolviert der Student einen vorgeschriebenen praktischen Ausbildungsteil seines Studiums. Er ist auf jeden Fall immatrikuliert. Die Beschäftigung ist in allen Zweigen der Sozialversicherung versicherungsfrei. Der Praktikant muss nicht zur Sozialversicherung angemeldet werden. Er muss auch kein Entgelt erhalten.

Wenn er – als freiwillige Leistung des Praktikumsgebers – ein Entgelt erhält, ist dieses auf jeden Fall nach den individuellen Lohnsteuerabzugsmerkmalen zu versteuern. Eine Pauschalversteuerung ist nicht möglich. Dieses Entgelt ist beitragsfrei; es ist jedoch eine Anmeldung (nur für die Erfassung des Entgelts für die Unfallversicherung) mit der Personengruppe 190 und dem Beitragsgruppenschlüssel 0 0 0 0 vorzunehmen.

5.9.1.2 Vorgeschriebenes Vor- und Nachpraktikum

Ein vorgeschriebenes Vorpraktikum wird außerhalb der Studienzeit absolviert, um zum Studium zugelassen zu werden. Der Student ist noch nicht immatrikuliert. In manchen Studienrichtungen ist auch ein Nachpraktikum nach bestandener Prüfung vorgeschrieben. Der Student ist dann nicht mehr immatrikuliert.

- Erhält der Student während eines solchen Praktikums ein **Entgelt**, ist er versicherungsrechtlich wie ein Auszubildender zu behandeln. Er ist mit dem Beitragsgruppenschlüssel 1 1 1 1 und dem Personengruppenschlüssel 105 anzumelden. Wenn er maximal 325 Euro Entgelt monatlich erhält, ist er als Geringverdiener mit dem Personengruppenschlüssel 121 abzurechnen, bei dem der Arbeitgeber die Beiträge allein trägt.
- Erhält er **kein Entgelt**, entsteht trotzdem grundsätzlich Versicherungspflicht in allen vier Zweigen. Sofern Familienversicherung besteht, ist diese vorrangig, hier entsteht keine Beitragspflicht zur KV und PV. Zur RV und AV entsteht Versicherungspflicht mit einem fiktiven Entgelt in Höhe von 1% der Bezugsgröße. Für 2017: 1% von 2.975 EUR = 29,75 EUR (West) und 1% von 2.660 EUR = 26,60 EUR (Ost). Der Praktikant ist mit dem Personengruppenschlüssel 105 und dem Beitragsgruppenschlüssel 0 1 1 0 anzumelden.

5.9.2 Freiwillige Praktika

Besteht für die Ableistung eines Praktikums keine Verpflichtung, ist von einem freiwilligen Praktikum auszugehen. Dieses ist grundsätzlich als ein befristetes Arbeitsverhältnis zu betrachten und nicht als Ausbildungsverhältnis.

5.9.2.1 Freiwilliges Zwischenpraktikum

Bei einem freiwilligen Zwischenpraktikum besteht die Möglichkeit der versicherungsrechtlichen Einstufung als Werkstudent (siehe Kapitel 5.8), wenn die Arbeitskraft des Studenten weiterhin überwiegend durch das Studium in Anspruch genommen wird und er weiterhin immatrikuliert ist. Eine Abrechnung als geringfügig Beschäftigter ist hier möglich: Bei einem Arbeitsentgelt bis 450 Euro fallen – nur im freiwilligen Zwischenpraktikum – keine Rentenversicherungsbeiträge an. Die Anmeldung erfolgt mit dem Personengruppenschlüssel 109 und dem Beitragsgruppenschlüssel 6 0 0 0 oder 0 0 0 0 (bei Privatversicherten).

Übt der Student das Zwischenpraktikum im Urlaubssemester aus, ist eine Abrechnung als Werkstudent nicht möglich. Die Abrechnung erfolgt i.d.R. als versicherungspflichtiger Arbeitnehmer mit dem Personengruppenschlüssel 101 und dem Beitragsgruppenschlüssel 1 1 1 1. Auch hier ist eine Abrechnung als geringfügig Beschäftigter möglich.

5.9.2.2 Freiwilliges Vor- oder Nachpraktikum

Hier bestehen grundsätzlich keine Sonderregelungen. Die Abrechnung ist als versicherungspflichtiger Arbeitnehmer genauso möglich wie als Minijobber.

5.10 Personen im Freiwilligendienst

Beim Freiwilligendienst unterscheidet man den Jugendfreiwilligendienst, der als »Freiwilliges Soziales Jahr« oder »Freiwilliges Ökologisches Jahr« durchgeführt werden kann, und den Bundesfreiwilligendienst, den es seit der Abschaffung der Wehrpflicht ab 1.7.2011 gibt.

5.10.1 Jugendfreiwilligendienst

Der Jugendfreiwilligendienst dauert i.d.R. ein Jahr. Er wird in gemeinwohlorientierten Einrichtungen geleistet (z.B. Wohlfahrtspflege, Kinder- und

Jugendhilfe, Einrichtungen der Gesundheitspflege, kulturelle Einrichtungen oder im Bereich Natur- und Umweltschutz).

Die Jugendlichen bis zu einem Alter von max. 27 Jahren im Jugendfreiwilligendienst haben eine Sonderstellung. Sie sind keine Arbeitnehmer im arbeitsrechtlichen Sinne. Es handelt sich um ein Rechtsverhältnis eigener Art. Hier gelten lediglich die Arbeitsschutzbestimmungen und das Bundesurlaubsgesetz.

Das Taschengeld beträgt maximal 6% der jeweiligen Beitragsbemessungsgrenze. 2017 sind das 381 Euro (West) bzw. 342 Euro (Ost). Die Zahlungen und ggf. zur Verfügung gestellte Sachbezüge durch den freien Träger stellen Lohnzahlungen im steuer- und beitragsrechtlichen Sinne dar.

Die Bezüge sind gemäß der allgemeinen Besteuerungsmerkmale (i.d.R. Steuerklasse I) zu versteuern. Dabei wird die Lohnsteuer i.d.R. 0 Euro betragen. Eine Pauschalversteuerung ist nicht möglich. In der Sozialversicherung ist der Jugendliche in allen vier Zweigen beitragspflichtig. Die Beiträge trägt jedoch – wie beim Geringverdiener (siehe Kapitel 5.6) – der Arbeitgeber allein.

Die Anmeldung erfolgt mit dem Personengruppenschlüssel 123 und dem Beitragsgruppenschlüssel 1 1 1 1.

5.10.2 Bundesfreiwilligendienst

Der Bundesfreiwilligendienst ersetzt den früheren Zivildienst, wird jedoch abrechnungstechnisch behandelt wie der Jugendfreiwilligendienst. Er beträgt i.d.R. auch ein Jahr, maximal zwei Jahre. Der Bundesfreiwilligendienst ist sozialpolitisch begründet. Hier gibt es allerdings – im Gegensatz zum Jugendfreiwilligendienst – keine Altersgrenze.

Auch hier erhält der Freiwillige ein Taschengeld von maximal 381 Euro (West) bzw. 341 Euro (Ost). Die Anmeldung erfolgt ebenfalls mit dem Personengruppenschlüssel 123 und i.d.R. dem Beitragsgruppenschlüssel 1 1 1 1. Der Arbeitgeber trägt die Beiträge allein.

5.11 Rentner

Bei der Beschäftigung von Rentnern gibt es ebenfalls diverse Besonderheiten zu beachten. Rentner können als

- geringfügig entlohnt Beschäftigte (450-Euro-Jobs – siehe Kapitel 5.6.1),
- kurzfristig Beschäftigte (siehe Kapitel 5.6.2)

abgerechnet werden, sofern sie die dafür geltenden Kriterien einhalten.

Ein besonderes Augenmerk ist bei Rentnern darauf zu legen, ob sie

- das Alter für die Regelaltersrente erreicht haben und
- diese Regelaltersrente auch beziehen.

Für Rentner, die bereits vor dem Erreichen der Altersgrenze für die Regelaltersrente Rente beziehen, gibt es diverse Besonderheiten zu beachten.

5.11.1 Regelaltersrentner

Die Regelaltersrente erhalten alle ab 1964 Geborenen mit 67 Jahren, sofern sie die Wartezeit erfüllt haben. Für die Jahrgänge 1947 bis 1963 gibt es eine Staffelung. So erreicht z.B. ein im Jahr 1952 Geborener bereits mit 65 Jahren und sechs Monaten die Regelaltersrente.

! **Beispiel**

Wer am 15.1.1952 geboren wurde, erhält ab dem 1.8.2017 die Regelaltersrente. Er kann dann seinen wohlverdienten Ruhestand genießen, er kann jedoch auch weiterarbeiten.

Beliebt bei Rentnern ist die Ausübung eines Minijobs. Ein Abrechnungsbeispiel finden Sie mit Beispiel 4 in Kapitel 5.6.1.8.

Wenn Regelaltersrentner mehr als geringfügig beschäftigt sind, müssen sie nach den individuellen Lohnsteuerabzugsmerkmalen abgerechnet werden. Für Arbeitnehmer ab 64 Jahre gilt der Altersentlastungsbetrag. Er beträgt im Jahr 2017 20,8% des Bruttolohns, maximal 988 Euro. Er wird direkt vom Bruttolohn abgezogen und mindert damit das zu versteuernde Brutto.

SV-rechtlich gibt es folgende Besonderheiten:

- In der Krankenversicherung gilt der ermäßigte Beitragssatz in Höhe von 14,0% (zzgl. kassenindividuellem Zusatzbeitrag). Der Arbeitgeber trägt einen Anteil von 7,0%.
- In der Rentenversicherung ist der Arbeitnehmer versicherungsfrei. Er kann jedoch zur Versicherungspflicht optieren. Damit kann er seine Altersrente zusätzlich erhöhen. Der Arbeitgeber trägt in jedem Fall einen Anteil in Höhe von 9,35%, im Jahr 2018 9,3%.
- In der Arbeitslosenversicherung fallen keine Beiträge an. (Diese Regelung gilt von 2017 bis 2021.)
- In der Pflegeversicherung gibt es keine Besonderheiten. Es fallen die vollen Arbeitnehmer- und Arbeitgeberbeiträge an.

Beispiel – Gehaltsabrechnung Rentner !

Renate Rüstig, geb. am 15.1.1951, ist seit 1.7.2016 **Regelaltersrentnerin**. Sie beginnt am 1.7.2017 eine Teilzeitbeschäftigung bei der CHAOS Computer GmbH (Berlin – Rechtskreis West – 9% Kirchensteuer). Der Arbeitgeber hat 30 vollzeitbeschäftigte Arbeitnehmer, daher fallen Umlagebeiträge zur U1 an.

- Gehalt: 1.500 EUR
- Steuerliche Abzugsmerkmale: Steuerklasse III / keine Kinderfreibeträge / evangelisch
- Krankenkasse: Techniker KK (Zusatzbeitrag 1,0%)
- Sie ist von der gesetzlichen Rentenversicherung befreit und hat auch nicht optiert.
- Ein Kind (zu berücksichtigen bei der Pflegeversicherung)

Arbeitgeber: CHAOS Computer GmbH		
Arbeitnehmer: Renate Rüstig		
Zeitraum: 1.7. – 31.7.2017		
Bruttolohn		Gesamtbrutto
Gehalt		1.500,00 EUR
Lohnsteuer	0,00	
Solidaritätszuschlag	0,00	
Kirchensteuer	0,00	
Steuerrechtliche Abzüge		-0,00 EUR
KV (7,0% + 1,0% ZB)	-120,00 EUR	
RV (9,35%)	Entfällt	
AV (1,5%)	Entfällt	
PV (1,275%)	-19,13 EUR	
SV-rechtliche Abzüge		-139,13 EUR
Gesetzliches Netto		1.360,87 EUR
Auszahlbetrag		1.360,87 EUR

Arbeitgeberanteil	
KV (7,0%)	105,00 EUR
RV (9,35%)	140,25 EUR
AV (1,5%)	entfällt
PV (1,275%)	19,13 EUR
Umlage 1 (1,9%)	28,50 EUR
Umlage 2 (0,49%)	7,35 EUR
Insolvenzgeldumlage (0,09%)	1,35 EUR
Gesamtaufwand Arbeitgeber	301,58 EUR

5.11.2 Rentner mit vorgezogener Altersrente

Es gibt verschiedene Möglichkeiten, vor Erreichen des Alters für die Regelaltersrente in den Ruhestand zu gehen, wenn man bestimmte Wartezeiten erfüllt hat. Hier gibt es aber – im Unterschied zum Regelaltersrentner – Hinzuverdienstanrechnungen, die man sich immer individuell vom Rentenversicherungsträger, i.d.R. von der Deutschen Rentenversicherung, ausrechnen lassen muss, da diese sich nach dem in den letzten 15 Jahren verdienten Bruttoarbeitsentgelt richten. 6.300 Euro im Jahr sind grundsätzlich anrechnungsfrei.

- Bekannt ist die sog. »Rente mit 63«, die »Rente für besonders langjährig Versicherte«, bei der man eine Wartezeit von 45 Jahren erfüllt haben muss.
- Man kann aber auch nach einer erfüllten Wartezeit von 35 Jahren unter bestimmten Voraussetzungen mit Abschlägen in Altersrente gehen (»Rente für langjährig Versicherte«).

Auch hier gilt:

Die Ausübung eines Minijobs ist immer anrechnungsfrei möglich. Allerdings besteht bis zum Erreichen der Regelaltersrente weiterhin Versicherungspflicht in der Rentenversicherung, von der man sich jedoch auf Antrag befreien lassen kann (siehe Beispiel 3 im Kapitel 5.6.1.8).

Wenn Altersrentner mehr als geringfügig beschäftigt sind, müssen sie nach den individuellen Lohnsteuerabzugsmerkmalen abgerechnet werden. Für Arbeitnehmer ab 64 Jahre gilt der Altersentlastungsbetrag. SV-rechtlich gibt es folgende Besonderheiten:

- In der Krankenversicherung gilt der ermäßigte Beitragssatz in Höhe von 14,0% (zzgl. kassenindividuellem Zusatzbeitrag). Der Arbeitgeber trägt einen Anteil von 7,0%.
- In der Rentenversicherung ist der Arbeitnehmer versicherungspflichtig bis zum Erreichen der Regelaltersrente. Er kann sich jedoch befreien lassen. Der Arbeitgeber trägt in jedem Fall einen Anteil in Höhe von 9,35%.
- In der Arbeitslosenversicherung gibt es keine Besonderheiten. Es fallen volle Arbeitnehmer- und Arbeitgeberbeiträge an.

- In der Pflegeversicherung gibt es keine Besonderheiten. Es fallen die vollen Arbeitnehmer- und Arbeitgeberbeiträge an.

5.11.3 Rentner mit Erwerbsunfähigkeitsrente

Bei Rentnern mit Erwerbsunfähigkeitsrenten ist die Ausübung **eines** Minijobs immer anrechnungsfrei. Bis zur Erreichung der Regelaltersrente besteht Versicherungspflicht in der Rentenversicherung, von der man sich auch hier befreien lassen kann.

Wer als Erwerbsunfähigkeitsrentner mehr als geringfügig arbeiten möchte, sollte sich unbedingt vorher seine individuellen Hinzuverdienstgrenzen vom Rentenversicherungsträger ausrechnen lassen.

Wenn Erwerbsunfähigkeitsrentner mehr als geringfügig beschäftigt sind, müssen sie nach den individuellen Lohnsteuerabzugsmerkmalen abgerechnet werden. Für Arbeitnehmer ab 64 Jahre gilt der Altersentlastungsbetrag. SV-rechtlich gibt es folgende Besonderheiten:

- In der Krankenversicherung gilt der ermäßigte Beitragssatz in Höhe von 14,0% (zzgl. kassenindividuellem Zusatzbeitrag). Der Arbeitgeber trägt einen Anteil von 7,0%.
- In der Rentenversicherung ist der Arbeitnehmer versicherungspflichtig bis zum Erreichen der Regelaltersrente. Er kann sich jedoch befreien lassen. Der Arbeitgeber trägt in jedem Fall einen Anteil in Höhe von 9,35%.
- In der Arbeitslosenversicherung fallen keine Beiträge an.
- In der Pflegeversicherung gibt es keine Besonderheiten. Es fallen die vollen Arbeitnehmer- und Arbeitgeberbeiträge an.

5.12 Beschäftigung in der Gleitzone (Niedriglohnbereich)

Die Gleitzonenregelung soll Arbeitnehmer im Niedriglohnbereich entlasten. Arbeitnehmer mit einem monatlichen Bruttoarbeitsentgelt von 450,01 Euro bis 850 Euro sind in allen Zweigen der SV versicherungspflichtig, sie zahlen aber nicht die vollen Beiträge, sondern sie haben einen reduzierten Anteil am Gesamtsozialversicherungsbeitrag zu zahlen.

Bei einem Arbeitsentgelt von 450,01 Euro bis 850 Euro wird für die Berechnung des Gesamtsozialversicherungsbeitrags ein ermäßigtes, nach der Formel

F x 450 + [{850/(850-450)} –{450/(850-450)} x F] x (Arbeitsentgelt – 450)

ermitteltes Arbeitsentgelt zugrunde gelegt.

Der Faktor F (30% geteilt durch den Gesamtsozialversicherungsbeitragssatz) in der Formel für die Gleitzonenberechnung wird jährlich neu bekanntgegeben und beträgt für das Jahr 2017 0,7509. Die Berechnung des ermäßigten Entgelts und der darauf entfallenden Sozialversicherungsbeiträge geht folgendermaßen vor sich:

1. Zunächst wird auf das verminderte Arbeitsentgelt der Gesamtbeitrag in allen vier Zweigen ermittelt.
2. Dann wird der Arbeitgeberanteil ermittelt. Er errechnet sich aus der Hälfte des Betrags, der sich bei Multiplikation des tatsächlichen Arbeitsentgelts mit dem jeweils maßgebenden Beitragssatz ergibt.
3. Der Arbeitnehmeranteil ergibt sich aus dem Unterschied zwischen dem zu zahlenden Beitrag und dem Arbeitgeberanteil.

! **Beispiel**

Udo Umsichtig, beschäftigt bei der CHAOS Computer GmbH, Steuerklasse I / kein Kinderfreibetrag / keine Kirchensteuer, Mitglied der AOK Nordost (0,9% ZB) hat ein Gehalt von 451 Euro monatlich.
Nach der Gleitzonenformel beträgt 2017 sein beitragspflichtiges ermäßigtes Entgelt:

0,7509 x 450	+ [{850/(850–450)}	- {450/(850–450)}	x 0,7509]	x (451– 450)
= 337,905	+ [2,125	- 1,125	x 0,7509]	x 1
= 337,905	+ [2,125	- 0,8447625]		x 1
= 337,905	+ 1,2802375			x 1
= 339,185238 EUR		**~ 339,19 EUR ermäßigtes Entgelt**		

Ermittlung der Beiträge:

KV:	339,19 x 15,5%	= 52,57 EUR Gesamtbetrag
	451,00 x 7,3%	= 32,92 EUR Arbeitgeberbeitrag
	Differenz	= 19,65 EUR Arbeitnehmerbeitrag
RV:	339,19 x 18,7%	= 63,43 EUR Gesamtbetrag
	451,00 x 9,35%	= 42,17 EUR Arbeitgeberbeitrag
	Differenz	= 21,26 EUR Arbeitnehmerbeitrag
PV:	339,19 x 2,8%	= 9,50 EUR Gesamtbetrag
	451,00 x 1,275%	= 5,75 EUR Arbeitgeberbeitrag
	Differenz	= 3,75 EUR Arbeitnehmerbeitrag

Ermittlung der Umlagen
U1: 339,19 EUR x 2,5% = 8,48 EUR
U2: 339,19 EUR x 0,59% = 2,00 EUR
IU: 339,19 EUR x 0,09% = 0,31 EUR.0

Arbeitgeber: CHAOS Computer GmbH		
Arbeitnehmer: Udo Umsichtig		
Zeitraum: 1.7. – 31.7.2017		
Bruttolohn		Gesamtbrutto
Gehalt		451,00 EUR
Lohnsteuer Kl. IV	0,00	
Solidaritätszuschlag	0,00	
Kirchensteuer	0,00	
Steuerrechtliche Abzüge		-0,00 EUR
KV	-19,65 EUR	
RV	-21,26 EUR	
AV	-3,41 EUR	
PV	-3,75 EUR	
SV-rechtliche Abzüge		-48,07 EUR
Gesetzliches Netto		402,93 EUR
Auszahlbetrag		402,93 EUR

Arbeitgeberanteil	
KV	32,92 EUR
RV	42,17 EUR
AV	6,77 EUR
PV	5,75 EUR
Umlage 1 (2,5%)	8,48 EUR
Umlage 2 (0,59%)	2,00 EUR
Insolvenzgeldumlage (0,09%)	0,31 EUR
Gesamtaufwand Arbeitgeber	98,40 EUR

Geht es auch leichter? Ja, natürlich, Sie lassen das einfach Ihren Computer machen, der »kennt« garantiert die Berechnung. Sie müssen nur die entsprechenden Haken im Programm setzen. Daher müssen Sie auch wissen, wann die Gleitzone nicht angewendet werden darf und die Haken eben nicht gesetzt werden dürfen, nämlich:

- bei Beschäftigten in der Berufsausbildung,
- bei Beschäftigung behinderter Menschen in Behindertenwerkstätten,
- wenn das Arbeitsentgelt durch Kurzarbeit unter 850 Euro monatlich sinkt,
- wenn es sich um einen Teilmonat handelt und das monatliche Entgelt über 850 Euro betragen würde,
- wenn mehrere Minijobs zusammengerechnet insgesamt über 850 Euro ergeben.

Die Gleitzonenregelung ist nur eine SV-rechtliche Regelung. Steuerrechtlich gibt es keine Besonderheiten. Die Besteuerung muss nach den lohnsteuerlichen Abzugsmerkmalen erfolgen.[3]

3 Auf www.aok-business.de finden Sie einen Rechner zur Gleitzonenberechnung.

Gleitzonen-Beitragsrechner

Berechnungsgrundlage (Ihre Eingabe vom 18.12.2017)

Name des Mitarbeiters	Udo Umsichtig
Zeitraum	01.12.2017 bis 31.12.2017
Bruttoverdienst (laufende Bezüge)	451,00 EUR
Einmalzahlung	0,00 EUR
Weitere Beschäftigungen	Nein
Bundesland	Berlin
Beitragssatz Krankenversicherung allg.	14,60 %
Zusatzbeitrag Kasse	0,90 %
PV-Zuschlag (kinderlose Arbeitnehmer)	Ja
Rentenversicherungsbeiträge	Ja, AN GLZ
Arbeitslosenversicherungsbeitrag	Ja

Ergebnis

Bemessungsgrundlage für die zu beurteilende Beschäftigung (Gleitzone) 339,19 EUR

	Beitragssatz	AG-Anteil	AN-Anteil	Gesamt	Ersparnis AN
Krankenversicherung	14,60 %	32,92 EUR	16,60 EUR	49,52 EUR	17,33 EUR*
KV Zusatzbeitrag	0,90 %		3,05 EUR	3,05 EUR	
Rentenversicherung	18,70 %	42,17 EUR	21,25 EUR	63,42 EUR	20,92 EUR
Arbeitslosenversicherung	3,00 %	6,77 EUR	3,41 EUR	10,18 EUR	3,36 EUR
Pflegeversicherung	2,80 %	5,75 EUR	3,74 EUR	9,49 EUR	3,14 EUR
Arbeitgeberbeiträge U1	2,50 %	8,48 EUR		8,48 EUR	
Arbeitgeberbeiträge U2	0,59 %	2,00 EUR		2,00 EUR	
Insolvenzgeldumlage U3	0,09 %	0,31 EUR		0,31 EUR	
Summe Beitrag		98,40 EUR	48,05 EUR	146,45 EUR	44,75 EUR

* unter Berücksichtigung des kassenindividuellen Zusatzbeitrags zur Krankenversicherung

Haufe-Index: 3686523 - Version: 6.00.20.235 - Stand: 19.12.2016 © Haufe-Lexware GmbH & Co. KG

Gleitzonenrechner

6 Bezahlte und unbezahlte Ausfallzeiten

6.1 Urlaub

Urlaub ist die bezahlte Freistellung von der Arbeit. Der Arbeitnehmer hat Anspruch auf Fortzahlung seines Arbeitsentgelts während des Urlaubs. Diese Fortzahlung wird als Urlaubsentgelt bezeichnet.

Rechtsgrundlage ist das »Mindesturlaubsgesetz für Arbeitnehmer« (Bundesurlaubsgesetz). Danach beträgt der Mindesturlaub 24 Werktage jährlich. Als Werktage gelten Montag bis Samstag, das sind also mindestens vier Wochen jährlich. Wird der Urlaub in Arbeitstagen angegeben, ist darauf zu achten, dass diese vier Wochen immer eingehalten werden müssen (auch bei Teilzeitbeschäftigten und Minijobbern!).

Der volle Jahresurlaub wird erst nach einer Wartezeit von sechs Monaten erworben. Der Arbeitnehmer hat Anspruch auf Teilurlaub von jeweils 1/12 für jeden vollen Kalendermonat,

- wenn er diese Wartezeit nicht erfüllt, also wenn er erst nach dem 1.7. des laufenden Kalenderjahres das Arbeitsverhältnis beginnt;
- wenn er vor erfüllter Wartezeit aus dem Arbeitsverhältnis ausscheidet, also wenn das Arbeitsverhältnis z. B. insgesamt nur fünf Monate gedauert hat;
- wenn er nach erfüllter Wartezeit in der ersten Hälfte eines Kalenderjahres aus dem Arbeitsverhältnis ausscheidet, also bis zum 30.6.

Bei einem Arbeitgeberwechsel muss sich der Arbeitnehmer den vom vorigen Arbeitgeber im laufenden Kalenderjahr gewährten Urlaub anrechnen lassen; dazu hat der Arbeitgeber ihm eine Urlaubsbescheinigung auszuhändigen.

Während des Urlaubs erhält der Arbeitnehmer **Urlaubsentgelt**. Die Berechnung ist im § 11 BurlG geregelt. Nicht zu verwechseln ist Urlaubsentgelt mit Urlaubsgeld! Während auf Urlaubsentgelt ein Rechtsanspruch besteht, kann Urlaubsgeld als Zusatzleistung gezahlt werden (siehe Kapitel 7).

Der Urlaub muss grundsätzlich im laufenden Kalenderjahr genommen werden. Eine Übertragung in das Folgejahr sieht das BurlG nur in dringenden betrieblichen oder in der Person des Arbeitnehmers liegenden Gründen bis zum 31.3. des Folgejahres vor. Betriebliche oder tarifliche Regelungen können davon abweichen.

Wie ist jedoch zu verfahren, wenn der Urlaub wegen Beendigung des Arbeitsverhältnisses nicht mehr gewährt werden kann, z. B. wegen Erkrankung oder Elternzeit? Dann ist der Anspruch (sofern er rechtlich weiterbesteht) grundsätzlich in Geld auszuzahlen. Das nennt man **Urlaubsabgeltung**; sie wird wie das Urlaubsentgelt berechnet und als sonstiger Bezug nach der Jahrestabelle versteuert (siehe Kapitel 7.2).

6.2 Entgeltfortzahlung an Feiertagen

Rechtliche Grundlage für die Weiterzahlung von Entgelt an Feiertagen ist das »Gesetz über die Zahlung des Arbeitsentgelts an Feiertagen und im Krankheitsfall« (Entgeltfortzahlungsgesetz). Dieses Gesetz gilt für alle Arbeitnehmer, Auszubildenden und Heimarbeiter (auch für Minijobber).

Wenn Arbeitszeit wegen eines gesetzlichen Feiertags ausfällt, hat der Arbeitgeber dem Arbeitnehmer das Arbeitsentgelt zu zahlen, das er ohne den Arbeitsausfall erhalten hätte. Es gelten die bundesweiten gesetzlichen Feiertage sowie Feiertage, die in Landesgesetzen festgelegt wurden. Maßgebend ist das Recht des Landes, in dem der Beschäftigungsort liegt.

Fällt der Feiertag in eine Zeit der Arbeitsunfähigkeit wegen Krankheit, ist der Feiertag nur zu bezahlen, wenn ein Anspruch auf Entgeltfortzahlung wegen Krankheit besteht. Ist die Entgeltfortzahlung wegen Krankheit (nach 42 Kalendertagen) beendet, erhält der Arbeitnehmer i. d. R. Krankengeld und es besteht kein Anspruch auf Bezahlung des Feiertags.

Fällt der Feiertag in den Urlaub, so darf dieser Tag nicht auf den Urlaubsanspruch angerechnet werden. Fällt der Feiertag in Zeiten des unbezahlten Urlaubs, so besteht kein Anspruch auf Feiertagslohn.

Bei Beschäftigten mit festem Monatsgehalt führt der Arbeitsausfall nicht zu einem Verdienstausfall; der Arbeitnehmer erhält sein Gehalt weiter und eine besondere Berechnung erübrigt sich.

Bei Arbeitnehmern mit schwankenden Bezügen sind zu berücksichtigen:

- ausgefallene Überstunden,
- der durchschnittliche Akkordverdienst,
- durchschnittliche Provisionen,
- Zulagen (z.B. Erschwerniszulagen) sowie
- Zuschläge (insbesondere für Sonntags-, Feiertags-, Nachtarbeit).

Wenn der Arbeitnehmer am Feiertag arbeiten musste, hat er zunächst Anspruch auf das normale Arbeitsentgelt. Ob er darüber hinaus Anspruch auf Zuschläge für die Feiertagsarbeit oder Anspruch auf bezahlte Freistellung an einem anderen Tag (sog. Ersatzfeiertag) hat, ist gesetzlich nicht geregelt. Ein solcher Anspruch kann sich jedoch aus einem Tarifvertrag, einer Betriebsvereinbarung oder einer einzelvertraglichen Regelung ergeben.

6.3 Entgeltfortzahlung bei Krankheit

6.3.1 Entgeltfortzahlung durch den Arbeitgeber

Die rechtliche Grundlage für die Weiterzahlung von Entgelt bei Krankheit ist ebenfalls das »Gesetz über die Zahlung des Arbeitsentgelts an Feiertagen und im Krankheitsfall« (Entgeltfortzahlungsgesetz).

Der genaue Gesetzestext in §3 Abs. 1 S.1 EFZG lautet: »Wird ein Arbeitnehmer durch Arbeitsunfähigkeit an seiner Arbeitsleistung gehindert, ohne dass ihn ein Verschulden trifft, so hat er Anspruch auf Entgeltfortzahlung im Krankheitsfall durch den Arbeitgeber für die Zeit der Arbeitsunfähigkeit bis zur Dauer von sechs Wochen …«

Hier stellen sich gleich mehrere Fragen:

- Ist Krankheit und Arbeitsunfähigkeit dasselbe? Und wer entscheidet das?
- Wie ist das mit dem eigenen Verschulden zu verstehen?
- Was bedeutet die Dauer von sechs Wochen? Einmal im Jahr?

Grundsätzlich muss Krankheit nicht zwingend Arbeitsunfähigkeit zur Folge haben, oft ist dies aber sicherlich der Fall. Wenn der Arbeitnehmer die Tätigkeit durch die Krankheit nicht mehr ausüben kann, ist er arbeitsunfähig. Das entscheidet i.d.R. der behandelnde Arzt durch die Ausstellung einer Arbeitsunfähigkeitsbescheinigung.

Die Entscheidung kann aber auch durch den Arbeitnehmer getroffen werden. Wenn er sich z.B. (wieder) arbeitsfähig fühlt, kann er trotz Arbeitsunfähigkeitsbescheinigung wieder arbeiten gehen. Oder der andere Fall: Wenn er sich z.B. wegen Kopfschmerzen arbeitsunfähig fühlt, kann er u.U. auch ohne ärztliches Attest bis zu drei Kalendertage Entgeltfortzahlung beanspruchen (§5 Abs. 1 S. 2 EFZG).

Eigenes Verschulden des Arbeitnehmers liegt nur bei Vorsatz oder grob fahrlässigem Verhalten vor. Das ist für den Arbeitgeber natürlich nicht ohne Weiteres erkennbar. Wenn er hier aber konkrete Anhaltspunkte hat, kann er die Entgeltfortzahlung verweigern, z.B.

- bei Verkehrsunfall infolge Trunkenheit,
- bei einer Beteiligung an einer Schlägerei,
- bei Verletzungen durch Extremsportarten, allerdings nur dann, wenn der Arbeitnehmer die Sicherheitsvorschriften nicht eingehalten und seine Kräfte überschätzt hat.

Meist werden solche Fälle von den Arbeitsgerichten entschieden, i.d.R. dann, wenn ein Arbeitnehmer gegen die Verweigerung der Entgeltfortzahlung klagt.

Der Arbeitgeber ist also grundsätzlich zur Entgeltfortzahlung bei Krankheit verpflichtet. Es gibt jedoch eine Ausnahme: Zu Beginn eines Beschäftigungsverhältnisses besteht eine sog. Wartefrist von vier Wochen. Erkrankt der Arbeitnehmer in dieser Zeit, ist der Arbeitgeber nicht zur Entgeltfortzahlung verpflichtet. Für diese Zeit erhält der Arbeitnehmer Krankengeld von seiner Krankenkasse.

Bleibt noch die Frage nach dem Sechs-Wochen-Zeitraum. Das ist in der Tat kompliziert geregelt. Für die meisten Arbeitnehmer hat sich »sechs Wochen pro Jahr« eingeprägt, so einfach ist es aber nicht. Zum einen gelten die sechs

Wochen jeweils für dieselbe Krankheit – bei jeder neuen Krankheit entsteht also ein neuer Sechs-Wochen-Zeitraum. Zum anderen ist bei ein und derselben Krankheit die Frage zu stellen: Wann beginnt bei dieser ein neuer Sechs-Wochen-Zeitraum? Hier muss man beachten, wie lange die letzte Erkrankung zurückliegt. Als Erstes ist der Sechs-Monats-Zeitraum zu prüfen (§3 Abs. 1 Satz 2 EFZG): Liegt zwischen zwei Erkrankungen, die auf dieselbe Krankheit zurückzuführen sind, ein Zeitraum von sechs Monaten, so besteht für die erneute Krankheit ein neuer sechswöchiger Entgeltfortzahlungsanspruch.

Beispiel !

Es liegen mehrere Erkrankungen wegen derselben Krankheit vor:

- erste Erkrankung vom 3.3. bis 23.3.,
- zweite Erkrankung vom 24.9. bis 18.12.

Da zwischen dem 23.3. und dem 24.9. genau sechs Monate liegen, beginnt der Sechs-Wochen-Zeitraum am 24.9. wieder von vorn (bis zum 11.11.).

Bei fehlendem Sechs-Monats-Zeitraum gilt Folgendes: Wenn zwischen den zwei Erkrankungen wegen derselben Krankheit kein Zeitraum von mindestens sechs Monaten liegt, kann nur dann ein neuer sechswöchiger Entgeltfortzahlungsanspruch entstehen, wenn seit Beginn der letzten Arbeitsunfähigkeit mit neuem Fortzahlungsanspruch mindestens zwölf Monate vergangen sind.

Beispiel !

Es liegen mehrere Erkrankungen wegen derselben Krankheit vor:

- erste Erkrankung vom 3.3. bis 23.3.,
- zweite Erkrankung vom 23.9. bis 18.12.

Da hier zwischen dem 23.3. und 23.9. keine sechs Monate liegen (es fehlt ein Tag), sind in diesem Fall die 21 Kalendertage aus dem März auf die neue Erkrankung anzurechnen. Es verbleiben weitere 21 Kalendertage, sodass bis zum 13.10. Entgeltfortzahlung zu leisten ist. Ein neuer Entgeltfortzahlungsanspruch kann frühestens am 3.3. des Folgejahres entstehen.

!

Beispiel – Entgeltfortzahlung

Cornelia Kränklich, angestellt bei der CHAOS Computer GmbH (Berlin – Rechtskreis West – 30 Vollzeitbeschäftigte) ist wegen derselben Krankheit arbeitsunfähig. Die Fehltage sind

- vom 6.7.2017 bis 14.7.2017 = 9 Kalendertage,
- vom 24.7.2017 bis 28.7.2017 = 5 Kalendertage,
- und vom 15.8.2017 bis 8.12.2017.

Für 42 Kalendertage ist Entgeltfortzahlung zu leisten, die bereits gewährten 14 Kalendertage sind anzurechnen; also endet der Entgeltfortzahlungsanspruch nach 28 Kalendertagen am 11.9.2017.

Entgeltberechnung bei anteiliger Entgeltfortzahlung

- Gehalt: 3.150 EUR
- 40-Stunden-Woche
- Steuerliche Abzugsmerkmale: Steuerklasse IV (0,954) / kein Kinderfreibeträge / keine Kirchensteuer
- Krankenkasse: BARMER (Zusatzbeitrag 1,1%)
- Hinweis für Pflegeversicherung: Sie hat ein erwachsenes Kind (kein Kinderfreibetrag mehr)

Wie ist die anteilige Entgeltfortzahlung für den Monat September zu ermitteln? Es gibt verschiedene Berechnungsmethoden, um einen festen Monatsbetrag (Gehalt) auf einen anteiligen Monatszeitraum herunterzurechnen.

- Nach der kalendertäglichen Methode:
  3.150 EUR : 30 Kalendertage x 11 Kalendertage = 1.155,00 EUR
- Nach der arbeitstäglichen Methode:
  3.150 EUR : 21 Arbeitstage x 7 Arbeitstage = 1.050,00 EUR
- Nach den tatsächlichen Stunden:
  3.150 EUR : 174 Stunden x 56 Stunden = 1.013,60 EUR
- Nach der 4,33-Formel:
  3.150 EUR : (4,33 x 40 Std.) x 56 Stunden = 1.017,52 EUR.

Welche Methode ist die richtige?

Grundsätzlich kann der Arbeitgeber die Methode selbst wählen, sofern dem keine tarifliche Regelung entgegensteht. Im Zweifelsfall ist die arbeitstägliche Methode anzuwenden. Am meisten angewandt wird wohl die kalendertägliche Methode, sie ist am einfachsten zu handhaben. Wenn wir uns für diese entscheiden, ergibt sich folgende Lohnabrechnung:

Arbeitgeber: CHAOS Computer GmbH		
Arbeitnehmer: Cornelia Kränklich		
Zeitraum: 1.9. – 30.9.2017		
Bruttolohn		Gesamtbrutto
Gehalt		1.155,00 EUR
Lohnsteuer	-17,83 EUR	
Solidaritätszuschlag	-0,00 EUR	
Kirchensteuer	-0,00 EUR	
Steuerrechtliche Abzüge		-17,83 EUR
KV (7,3% + 1,1% ZB)	-97,02 EUR	
RV (9,35%)	-107,99 EUR	
AV (1,5%)	-17,33 EUR	
PV (1,275%)	-14,73 EUR	
SV-rechtliche Abzüge		-237,07 EUR
Gesetzliches Netto		900,10 EUR
Auszahlbetrag		900,10 EUR

Arbeitgeberanteil	
KV (7,3%)	84,32 EUR
RV (9,35%)	107,99 EUR
AV (1,5%)	17,33 EUR
PV (1,275%)	14,73 EUR
Umlage 1 (2,1%)	24,26 EUR
Umlage 2 (0,45%)	5,20 EUR
Insolvenzgeldumlage (0,09%)	1,04 EUR
Gesamtaufwand Arbeitgeber	254,87 EUR

6.3.2 Erstattungen gemäß AAG im Rahmen der Umlageversicherung U1

Sofern der Arbeitgeber am Umlageverfahren U1 teilnehmen muss (siehe Kapitel 3.11), hat er auch auf Antrag Anspruch auf Erstattungen bei Erkrankung von Arbeitnehmern. Der Antrag ist der jeweiligen Krankenkasse auf elektronischem Wege zu übermitteln. Die Erstattungssätze werden von den Krankenkassen in ihrer Satzung festgelegt. Die Krankenkassen können unterschiedliche Erstattungssätze bis zu 80% festlegen. Bei der BARMER sind beispielsweise die Umlagesätze wie folgt festgelegt:

Umlage- und Erstattungssätze seit 1. Januar 2017		
Umlageverfahren	**Erstattungssatz in Prozent**	**Umlagebeitragssatz in Prozent**
U1	50	1,4
U1	(Regelsatz) 65	2,1
U1	80	3,2
U1	100	0,45

Tab. 10: Umlage- und Erstattungssätze seit 1. Januar 2017

Bei einem Umlagesatz von 2,1% des beitragspflichtigen Entgelts hat der Arbeitgeber Anspruch auf Erstattung von 65% der Entgeltfortzahlung.

! **Beispiel Entgeltfortzahlung – Fortführung**

Die Erstattung beträgt in diesem Fall 65% von 1.155 Euro = 750,75 Euro.

6.3.3 Krankengeld und Krankengeldzuschüsse

Ist der Arbeitnehmer länger als sechs Wochen krank oder erkrankt er während der Wartefrist von vier Wochen nach Beginn der Beschäftigung, so hat er Anspruch auf Krankengeld von seiner gesetzlichen Krankenkasse oder Krankentagegeld seiner privaten Krankenversicherung. Beim Arbeitgeber entsteht ein sog. Unterbrechungszeitraum für die Zeit der Krankengeldzahlung. Diese kann bis zu 78 Wochen dauern. Das Arbeitsverhältnis besteht für diesen Zeitraum arbeitsrechtlich fort.

Manche Arbeitgeber zahlen ihren Arbeitnehmern aufgrund tariflicher oder betrieblicher Regelungen einen Krankengeldzuschuss, um die Differenz zwischen Krankengeld und vorherigem Nettolohn auszugleichen. Diese Krankengeldzuschüsse sind steuerpflichtiger Arbeitslohn. Beitragspflichtig sind sie i.d.R. nicht. Eine Ausnahme besteht nur dann, wenn sie zusammen mit dem Krankengeld den vorherigen Nettolohn um mehr als 50 Euro übersteigen.

6.4 Mutterschutz

Gesetzliche Grundlage ist das Mutterschutzgesetz (MuSchG). Es gilt grundsätzlich für Arbeitnehmerinnen und Heimarbeiterinnen und wurde zum 1.1.2018 auf weitere Personengruppen erweitert, dazu gehören

- Frauen in betrieblicher Berufsbildung und Praktikantinnen im Sinne von §26 des Berufsbildungsgesetzes,
- Frauen mit Behinderung, die in einer Werkstatt für behinderte Menschen beschäftigt sind,
- Frauen, die als Entwicklungshelferinnen tätig sind,
- Frauen, die als Freiwillige nach dem Bundesfreiwilligendienstgesetz beschäftigt sind,
- Frauen, die als Mitglieder einer geistlichen Genossenschaft, Diakonissen oder Angehörige einer ähnlichen Gemeinschaft auf einer Planstelle oder aufgrund eines Gestellungsvertrags für diese tätig werden, auch während der Zeit ihrer dortigen außerschulischen Ausbildung,
- Frauen, die in Heimarbeit beschäftigt sind,
- arbeitnehmerähnliche Selbstständige,
- Schülerinnen und Studentinnen unter bestimmten Voraussetzungen, besonders soweit die Ausbildungsstelle Ort, Zeit und Ablauf der Ausbildungsveranstaltung verpflichtend vorgibt.

Zum 1.1.2018 wurden auch die Arbeitgeberpflichten zum Arbeitsschutz von Schwangeren neu definiert. Der Arbeitgeber muss alle Möglichkeiten nutzen, damit schwangere Frauen ohne Gefährdung ihrer Gesundheit oder der ihres (ungeborenen) Kindes ihre berufliche Tätigkeit fortsetzen können.

Außerdem gilt für eine Frau während der Schwangerschaft absolutes Kündigungsverbot seitens des Arbeitgebers bis zum Ablauf von vier Monaten nach der Entbindung.

Abrechnungstechnisch gibt es verschiedene Begriffe, die von Bedeutung sind:

- Mutterschutzlohn bei Beschäftigungsverbot
- Mutterschutzfrist
- Mutterschaftsgeld
- Zuschuss zum Mutterschaftsgeld
- Erstattung im Umlageverfahren U2

6.4.1 Beschäftigungsverbote nach dem Mutterschutzgesetz

6.4.1.1 Beschäftigungsverbot während der Mutterschutzfrist

Das Mutterschutzgesetz regelt verschiedene Beschäftigungsverbote:

- Gem. §3 Abs. 2 MuSchG dürfen werdende Mütter in den letzten **sechs Wochen vor der Entbindung** nicht beschäftigt werden, es sei denn, dass sie sich zur Arbeitsleistung ausdrücklich bereit erklären.
- Gem. §6 Abs. 1 MuSchG dürfen Mütter bis zum Ablauf von **acht Wochen**, bei Früh-, Mehrlingsgeburten und Geburt eines behinderten Kindes bis zum Ablauf von **zwölf Wochen nach der Entbindung** nicht beschäftigt werden.

In dieser Zeit besteht die sog. **Mutterschutzfrist**. Die Arbeitnehmerin erhält für diesen Zeitraum i.d.R.

- Mutterschaftsgeld von ihrer Krankenkasse oder dem Bundesversicherungsamt und
- den Zuschuss zum Mutterschaftsgeld von ihrem Arbeitgeber bis zur Erreichung ihres vorher erzielten Nettoentgelts.

Das **Mutterschaftsgeld** wird gem. §13 MuSchG gezahlt für

- Frauen, die Mitglied in einer gesetzlichen Krankenkasse sind (als Pflichtmitglied oder freiwilliges Mitglied), von dieser Krankenkasse in Höhe von maximal 13 Euro pro Kalendertag, und

- Frauen, die nicht Mitglied einer gesetzlichen Krankenkasse sind (die entweder privat krankenversichert oder auch familienversichert sind), vom Bundesversicherungsamt maximal insgesamt 210 Euro.

Der **Zuschuss des Arbeitgebers** ist in §14 MuSchG geregelt. Der Arbeitgeber ist zu einem Zuschuss zum Mutterschaftsgeld verpflichtet, wenn das Nettoarbeitsentgelt den Höchstbetrag des Mutterschaftsgeldes in Höhe von 13 Euro kalendertäglich übersteigt. Der Zuschuss ist während der Schutzfrist in Höhe des Unterschieds zwischen dem Mutterschaftsgeld von 13 Euro und dem auf den Kalendertag entfallenden gesetzlichen Nettoarbeitsentgelt zu zahlen und berechnet sich folgendermaßen:

- Gesetzliches Netto der letzten drei Monate: 90 Kalendertage = kalendertägliches Netto
- Kalendertägliches Netto – 13 Euro Mutterschaftsgeld = kalendertäglicher Zuschuss des Arbeitgebers
- Kalendertäglicher Zuschuss x tatsächlich zu bezahlende Kalendertage des lfd. Monats = Zuschuss des Arbeitgebers

6.4.1.2 Mutterschutzlohn bei Beschäftigungsverboten

Gem. §3 Abs. 1 MuSchG dürfen werdende Mütter nicht beschäftigt werden, soweit nach **ärztlichem Zeugnis** Leben oder Gesundheit von Mutter oder Kind bei Fortdauer der Beschäftigung gefährdet sind. Das ist das sog. Individuelle Beschäftigungsverbot. Es kann generell, aber auch als eingeschränktes Beschäftigungsverbot (z.B. verkürzte Arbeitszeit) ausgesprochen werden.

Gem. §4 MuSchG gibt es diverse **gesetzliche Beschäftigungsverbote**, die der Arbeitgeber einzuhalten verpflichtet ist. Dazu gehören schwere körperliche Arbeiten, Arbeiten mit schädlichen Einwirkungen von gesundheitsgefährdenden Stoffen, schweres Heben, Akkordarbeit, Nachtarbeit. Einzelheiten können dazu von den Aufsichtsbehörden geregelt werden. Der Arbeitgeber ist verpflichtet, die Aufsichtsbehörde, i.d.R. das Landesamt für Arbeitsschutz, Gesundheitsschutz und technische Sicherheit, von der Schwangerschaft der Arbeitnehmerin zu unterrichten und eine Gefährdungsbeurteilung vorzunehmen.

Gem. §6 Abs. 2 MuSchG gibt es auch Beschäftigungsverbote **nach der Entbindung**, wenn die Arbeitnehmerin gem. ärztlichem Zeugnis noch nicht voll leistungsfähig ist.

Gem. §6 Abs. 3 MuSchG dürfen auch **stillende Mütter** nicht mit den in §4 genannten Arbeiten beschäftigt werden.

In allen diesen Fällen darf der Arbeitnehmerin kein Verdienstausfall entstehen. Der Arbeitgeber ist gem. §11 MuSchG verpflichtet, der Arbeitnehmerin ihren Durchschnittsverdienst der letzten 13 Wochen oder drei Monate vor Beginn der Schwangerschaft zu zahlen. Das ist der sog. **Mutterschutzlohn**.

! **Wichtig**

Der Arbeitnehmerin darf grundsätzlich kein Verdienstausfall durch die Schwangerschaft entstehen.

6.4.2 Erstattungen nach dem AAG über die Umlage 2

Wenn Sie als Arbeitgeber die bisherigen Ausführungen zur Vergütung der Arbeitnehmerin gelesen haben, sind Sie möglicherweise erschrocken über die enormen Kosten, die Sie da zu tragen haben. Einen monatelangen Ausfall zu finanzieren und dazu diesen Ausfall über andere Arbeitskräfte abzufangen ... Da entsteht bei nicht wenigen Arbeitgebern sofort der Gedanke, junge Frauen erst gar nicht einstellen zu wollen. Das ist natürlich nicht die Lösung, denn oftmals kann man auf die qualifizierten jungen Arbeitskräfte gar nicht verzichten, und außerdem besteht selbstverständlich ein Diskriminierungsverbot aufgrund des Geschlechts.

Der Gesetzgeber hat dieser Tatsache durch das Aufwendungsausgleichgesetz (AAG) Rechnung getragen. Somit erhalten alle Arbeitgeber in vollem Umfang die Kosten, die ihnen durch das Mutterschutzgesetz entstehen, über das sog. U2-Verfahren erstattet (siehe Kapitel 3.11).

6.4.3 Be- und Abrechnungsbeispiele

6.4.3.1 Mutterschutzfrist

!

Beispiel 1

Das Kind wird zum errechneten Termin geboren:

Voraussichtlicher Entbindungstermin:	19.6.
Beginn der Mutterschutzfrist: 6 Wochen vorher am	8.5.
Kind wird geboren am	19.6.
Ende der Mutterschutzfrist: 8 Wochen danach am	14.8.

!

Beispiel 2

Das Kind wird nach dem errechneten Termin geboren:

Voraussichtlicher Entbindungstermin:	19.6.
Beginn der Mutterschutzfrist: 6 Wochen vorher am	8.5.
Kind wird geboren am	22.6.
Ende der Mutterschutzfrist: 8 Wochen danach am	17.8.

!

Beispiel 3

Das Kind wird vor dem errechneten Termin geboren:

Voraussichtlicher Entbindungstermin:	19.6.
Beginn der Mutterschutzfrist: 6 Wochen vorher am	8.5.
Kind wird geboren am	12.6.
Ende der Mutterschutzfrist: 8 Wochen danach + 7 Tage, die von den 6 Wochen genommen werden konnten am	14.8.

! **Beispiel 4**

Vor dem errechneten Termin wird ein behindertes Kind geboren:

Voraussichtlicher Entbindungstermin:	19.6.
Beginn der Mutterschutzfrist: 6 Wochen vorher am	8.5.
Kind wird geboren am	12.6.
Ende der Mutterschutzfrist: 12 Wochen danach + 7 Tage, die von den 6 Wochen nicht genommen werden konnten am	11.9.

! **Beispiel 5**

Das Kind kommt als Frühgeburt zur Welt:

Voraussichtlicher Entbindungstermin:	19.6.
Beginn der Mutterschutzfrist: 6 Wochen vorher am	8.5.
Kind wird geboren am	01.5.
Ende der Mutterschutzfrist: 12 Wochen danach + 6 Wochen, die vorher nicht genommen werden konnten am	04.9.

! **Wichtig**

Der Tag der Entbindung selbst zählt nicht mit. Kommt das Kind früher, werden die nicht in Anspruch genommenen Tage angehängt: Die Arbeitnehmerin hat also immer mindestens 6 Wochen + 8 Wochen + 1 Tag Mutterschutzfrist.

6.4.3.2 Berechnung Mutterschutzlohn

! **Beispiel**

Resi Rundlich ist schwanger; das Kind wird voraussichtlich am 20.12. geboren. Die Schutzfrist beginnt am 8.11. Am 20.6. legt sie ihrem Arbeitgeber eine ärztliche Bescheinigung über ein absolutes Beschäftigungsverbot vor. Sie ist mit sofortiger

Wirkung freizustellen. Vom 20.6. bis zum 7.11. hat sie Anspruch auf Mutterschutzlohn.

- Stundenlohn: 14 Euro bei 40-Std.-Woche (8 Std. täglich)
- Steuerabzugsmerkmale: Steuerklasse V / -- / --
- kinderlos (über 23 Jahre alt)
- Krankenkasse: AOK Nordost (0,9% ZB)

Lohn vor der Entstehung der Schwangerschaft:

Dezember:	2.352 EUR + 150 EUR Leistungszulage
Januar:	2.464 EUR + 180 EUR Leistungszulage
Februar:	2.240 EUR + 160 EUR Leistungszulage
Durchschnitt:	7.546 EUR : 3 Monate = 2.513,33 EUR monatlich : 30 Kalendertage = 83,84 EUR kalendertäglich

Für die Lohnabrechnung für den Monat Juni gilt: Bis zum 19.6. ist der erarbeitete Lohn zzgl. anteiligem Anspruch auf Leistungszulage (115 EUR) zu zahlen, ab 20.6. sind 11 Kalendertage x 83,84 EUR = 922,24 EUR Mutterschutzlohn zu zahlen.

Arbeitgeber: Metallbau Max Schraube GmbH		
Arbeitnehmer: Resi Rundlich		
Zeitraum: 1.6. – 30.6.2017		
Bruttolohn		Gesamtbrutto
Vom 1.6.–19.6.: 104 Std. x 14 EUR		1.456,00 EUR
Leistungszulage		115,00 EUR
Vom 20.6. bis 30.6.: Mutterschutzlohn		**922,24 EUR**
Gesamtbrutto		2.493,24 EUR
Lohnsteuer	-576,16 EUR	
Solidaritätszuschlag	-31,68 EUR	
Kirchensteuer (9%)	-0,00 EUR	
Steuerrechtliche Abzüge		-607,84 EUR
KV (7,3% + 0,9% ZB)	-204,45 EUR	
RV (9,35%)	-233,12 EUR	
AV (1,5%)	-37,40 EUR	
PV (1,525%)	-38,02 EUR	
SV-rechtliche Abzüge		-512,99 EUR
Gesetzliches Netto		1.372,41 EUR
Auszahlbetrag		1.372,41 EUR
Arbeitgeberanteil	**Gesamt**	**Davon: Beiträge auf dem Mindestlohn**
KV (7,3%)	182,01 EUR	67,32 EUR
RV (9,35%)	233,12 EUR	86,23 EUR
AV (1,5%)	37,40 EUR	13,83 EUR
PV (1,275%)	31,79 EUR	11,76 EUR

Arbeitgeberanteil	Gesamt	Davon: Beiträge auf dem Mindestlohn
Umlage 1 (2,5%)	62,33 EUR	
Umlage 2 (0,59%)	14,71 EUR	
Insolvenzgeldumlage (0,09%)	2,24 EUR	
Gesamtaufwand Arbeitgeber	563,60 EUR	
Davon erstattungsfähig		179,14 EUR

Erstattung im U2-Verfahren:

100% des Mutterschutzlohns =	922,24 EUR
Zzgl. 100% der darauf entfallenden SV-Beiträge =	179,24 EUR
Gesamt	1.101,48 EUR

Im Juli erhält sie Mutterschutzlohn: 30 Kalendertage x 83,84 EUR = 2.500,20 EUR Der Arbeitgeber erhält 100% zzgl. der darauf entfallenden SV-Beiträge über das U2-Verfahren erstattet. Als einziger Kostenfaktor bleiben die Umlagen, die er zu tragen hat.

6.4.3.3 Berechnung Zuschuss zum Mutterschaftsgeld

Beispiel – Mutterschaftsgeldzuschuss !

Renate Rundlich ist schwanger; ihre Schutzfrist beginnt am 8.5. Das Kind wird am 19.6. geboren. Die Schutzfrist endet am 14.8.

- Gehalt vor der Schutzfrist: 3.010 Euro
- VWL-Zuschuss: 27 Euro
- VWL-Überweisung: 40 Euro
- Steuerabzugsmerkmale: Steuerklasse IV / -- / evangelisch
- kinderlos (über 23 Jahre alt)
- Krankenkasse: TK (1,0% ZB)
- Keine Gehaltsveränderung in den letzten drei Monaten

Für die Berechnung des Zuschusses werden zuerst die letzten drei Lohnabrechnungen vor Beginn der Mutterschutzfrist benötigt (da festes Gehalt, ist hier nur eine Abrechnung nötig):

Arbeitgeber: CHAOS Computer GmbH		
Arbeitnehmer: Renate Rundlich		
Zeitraum: 1.4. – 30.4.2017		
Bruttolohn		Gesamtbrutto
Gehalt		3.010,00 EUR
VWL-Zuschuss		27,00 EUR
Gesamtbrutto		3.037,00 EUR
Lohnsteuer	-441,66 EUR	
Solidaritätszuschlag	-24,29 EUR	
Kirchensteuer (9%)	-39,74 EUR	
Steuerrechtliche Abzüge		-505,69 EUR
KV (7,3% + 1,0% ZB)	-252,07 EUR	
RV (9,35%)	-283,96 EUR	
AV (1,5%)	-45,56 EUR	
PV (1,525%)	-46,31 EUR	
SV-rechtliche Abzüge		-627,90 EUR
Gesetzliches Netto		1.903,41 EUR
VWL-Abzug		-40,00 EUR
Auszahlbetrag		1.863,41 EUR

Hieraus erfolgt die Berechnung des kalendertäglichen Netto sowie des Zuschusses:

1.903,41 EUR x 3 Monate : 90 Kalendertage =	63,45 EUR
Anrechnung des kalendertäglichen Mutterschaftsgelds	–13,00 EUR
= kalendertäglicher Zuschuss	50,45 EUR

Die Lohnabrechnung im Monat Mai würde den Zuschuss im Monat Mai (24 Kalendertage x 50,45 EUR = 1.210,80 EUR) beinhalten und folgendermaßen aussehen

Arbeitgeber: CHAOS Computer GmbH		
Arbeitnehmer: Renate Rundlich		
Zeitraum: 1.5. – 31.5.2017		
Bruttolohn		Gesamtbrutto
Gehalt vom 1.–7.5. 3.010 EUR : 31 x 7		679,70 EUR
VWL-Zuschuss für 7 Tage (27 EUR : 31 x 7)		6,10 EUR
Zuschuss zum Mutterschaftsgeld 24 Tage x 50,45 EUR		**1.210,80 EUR**
Gesamtbrutto		1.896,60 EUR
Steuer- und SV-Brutto	685,60 EUR	
Lohnsteuer	-0,00 EUR	
Solidaritätszuschlag	-0,00 EUR	
Kirchensteuer (9%)	-0,00 EUR	
Steuerrechtliche Abzüge		-0,00 EUR
KV (7,3% + 1,0% ZB)	-56,92 EUR	
RV (9,35%)	-64,12 EUR	
AV (1,5%)	-10,29 EUR	
PV (1,525%)	-10,46 EUR	
SV-rechtliche Abzüge		-141,79 EUR
Gesetzliches Netto		1.754,81 EUR
VWL-Abzug		-40,00 EUR
Auszahlbetrag		1.714,81 EUR

Dies ergibt eine Erstattung im U2-Verfahren von 100% = 1.210,80 EUR.

Arbeitgeberanteil	
KV (7,3%)	50,06 EUR
RV (9,35%)	64,12 EUR
AV (1,5%)	10,29 EUR
PV (1,275%)	8,74 EUR
Umlage 1 (1,9%)	13,03 EUR
Umlage 2 (0,49%)	3,36 EUR
Insolvenzgeldumlage (0,09%)	0,62 EUR
Gesamtaufwand Arbeitgeber	150,22 EUR

6.5 Elternzeit

Elternzeit ist die Zeit der (vom Arbeitgeber) unbezahlten Freistellung von der Arbeit nach der Geburt eines Kindes. Grundlage ist das Bundeselterngeldgesetz (BEEG). Auf diese Freistellung hat der Arbeitnehmer bzw. die Arbeitnehmerin einen Rechtsanspruch gem. § 15 BEEG.

! **Wichtig**

Sowohl Mutter als auch Vater haben in ihrem Arbeitsverhältnis jeweils einen eigenständigen Anspruch auf Elternzeit, wenn sie das Kind selbst betreuen.

Der Anspruch besteht bis zur Vollendung des dritten Lebensjahres des Kindes. Ein Anteil von 24 Monaten kann allerdings zwischen dem dritten und dem achten Lebensjahr des Kindes in Anspruch genommen werden. Während der Elternzeit mit vollständiger Freistellung ruhen die Hauptpflichten des Arbeitsverhältnisses, das Arbeitsverhältnis bleibt jedoch bestehen. Nach Ablauf der Elternzeit besteht ein Anspruch auf Rückkehr auf den ursprünglichen bzw. auf einen gleichwertigen Arbeitsplatz.

In der gesetzlichen Krankenversicherung besteht eine Pflichtmitgliedschaft beitragsfrei fort, solange Elterngeld bezogen wird oder Elternzeit in Anspruch genommen wird. Privat Krankenversicherte bleiben für die Dauer der

Elternzeit privat krankenversichert. Sie müssen ihre Versicherungsprämien komplett selbst tragen.

In der Sozialversicherung ist eine Unterbrechungsmeldung erforderlich (Schlüsselzahl 52), wenn das Arbeitsverhältnis unterbrochen wird und keine beitragspflichtigen Leistungen des Arbeitgebers vorliegen.

Wird während der Elternzeit eine geringfügige Beschäftigung bis 450 Euro Monatsverdienst ausgeübt, ist diese kranken-, arbeitslosen- und pflegeversicherungsfrei und kann als Minijob abgerechnet werden (siehe Kapitel 5.6.1).

Tipp !

Wenn der Minijob beim selben Arbeitgeber ausgeübt wird, können Sie das abrechnungstechnisch nur über eine zweite Personalnummer lösen. In der ersten Personalnummer bleibt die Elternzeit mit vollständiger Freistellung geschlüsselt, über die zweite Personalnummer erfolgt die An- und Abmeldung bei der Bundesknappschaft.

Kurzfristige Beschäftigungen während der Elternzeit gelten als berufsmäßig und sind versicherungspflichtig (siehe Kapitel 5.6.2).

6.6 Pflege von Angehörigen

Arbeitnehmer, die sich persönlich um pflegebedürftige Angehörige kümmern wollen, können dies auf verschiedenen Wegen tun.

6.6.1 Pflegezeit

Zum 1.7.2008 trat das Pflegezeitgesetz (PflegeZG) in Kraft. Das Gesetz hat das Ziel, die Vereinbarkeit von Beruf und familiärer Pflege zu verbessern. Durch die Pflegezeit soll den Arbeitnehmern gestattet werden, sich für eine begrenzte Dauer von der Arbeit freistellen zu lassen oder in Teilzeit zu arbeiten, um Angehörige zu pflegen, ohne dadurch den Arbeitsplatz zu gefährden.

Es wird zwischen zwei Leistungsbereichen unterschieden:

- Kurzzeitige Arbeitsverhinderung für maximal zehn Arbeitstage (§2 PflegeZG) für reine Akutfälle. Dieser Anspruch besteht für alle Arbeitnehmer. U. U. kann ein Anspruch auf Vergütung gegen den Arbeitgeber gem. §616 BGB bestehen (siehe Kapitel 1.4), ansonsten kann der Arbeitnehmer Pflegeunterstützungsgeld von der Pflegekasse des zu Pflegenden erhalten (§44a Abs. 3 SGB XI).
- Pflegezeit bis zu sechs Monaten (§4 PflegeZG) bei teilweiser oder vollständiger Freistellung. Dieser Anspruch besteht nur für Arbeitnehmer in Betrieben mit mehr als 15 Beschäftigten. Ein Vergütungsanspruch gegenüber dem Arbeitgeber besteht nicht. Der Arbeitgeber muss den Arbeitnehmer bei vollständiger Freistellung sozialversicherungsrechtlich abmelden und bei Wiederaufnahme der Beschäftigung wieder anmelden.

6.6.2 Familienpflegezeit

Seit dem 1.1.2015 haben Beschäftigte einen Rechtsanspruch auf Familienpflegezeit, sofern sie bei einem Arbeitgeber mit mehr als 25 Beschäftigten arbeiten.

Nach dem Familienpflegezeitgesetz (FPfZG) hat der Arbeitnehmer einen Rechtsanspruch, sich bei einer Mindestarbeitszeit von 15 Stunden pro Woche für die Dauer von bis zu 24 Monaten teilweise freistellen zu lassen, wenn er einen nahen Angehörigen in häuslicher Umgebung pflegt. Bei minderjährigen nahen Angehörigen ist auch eine Pflege außerhalb des Hauses, z. B. in einer Spezialklinik, möglich.

6.7 Sonstige bezahlte und unbezahlte Freistellungen

Für sonstige persönliche Freistellungen ist §616 BGB maßgeblich. Der Arbeitnehmer hat einen gesetzlichen Anspruch auf Fortzahlung des Arbeitslohns, wenn er ohne Verschulden aus persönlichen Gründen an der Arbeitsleistung für eine verhältnismäßig nicht erhebliche Zeit gehindert ist. Das ist sehr allgemein formuliert. Was ist damit gemeint?

In den Tarifverträgen ist im Allgemeinen detailliert geregelt, bei welchen Verhinderungsgründen und wie lange die Fortzahlung des Arbeitsentgelts zusteht. Bei nicht tarifgebundenen Arbeitsverhältnissen kann sich der Arbeitgeber an eine tarifliche Regelung anlehnen.

Bezahlte Freistellungsgründe (i.d.R. für einen Tag) können sein:
- Umzug aus betrieblichem Grund
- Niederkunft der Ehefrau/Lebenspartnerin
- Todesfall eines nahen Angehörigen
- Schwere Erkrankung eines Angehörigen

Bei ärztlicher Behandlung, wenn diese während der Arbeitszeit erfolgen muss, ist auch eine stundenweise bezahlte Freistellung möglich.

Wichtig !

Der Arbeitgeber kann den Anspruch auf bezahlte Freistellung gem. §616 BGB schriftlich im Arbeitsvertrag ganz oder teilweise abbedingen, wenn kein Tarifvertrag dem entgegensteht.

Freistellung bei Erkrankung des Kindes

Bei Erkrankung des Kindes ist grundsätzlich auch §616 BGB maßgeblich. Die Lohnfortzahlung bei Erkrankung des Kindes ist in den Tarifverträgen unterschiedlich geregelt. Der TVöD (Tarifvertrag öffentlicher Dienst) sieht z.B. bis zu vier Arbeitstage pro Kalenderjahr bei Erkrankung eines Kindes bis zum zwölften Lebensjahr vor.

Sofern der Arbeitnehmer kein Entgelt vom Arbeitgeber bekommt, hat er Anspruch auf bis zu zehn Arbeitstage Kinder-Krankengeld (Alleinstehende 20 Arbeitstage) pro Kind pro Jahr gem. §45 SGB V. Das Kinder-Krankengeld wird auf Antrag von der gesetzlichen Krankenkasse gezahlt, in der der Arbeitnehmer versichert ist.

7 Einmalzahlungen/sonstige Bezüge

7.1 Arbeitsrechtlicher Anspruch

Einmalzahlungen werden teils freiwillig, teils aufgrund vertraglicher Vereinbarungen (im Arbeits- oder Tarifvertrag) gezahlt. Ein Rechtsanspruch auf eine Einmalzahlung für die Zukunft entsteht dann, wenn die Zuwendung vertraglich ohne Vorbehalt festgelegt worden ist. Wurde sie in der Vergangenheit aufgrund betrieblicher Übung mindestens in dreimaliger Folge ohne Vorbehalt gewährt, dann entsteht ebenfalls ein Rechtsanspruch auf die Zahlung.

7.2 Versteuerung von sonstigen Bezügen

Wichtig !

Grundsätzlich: Sonstige Bezüge sind immer steuerpflichtig.
Die Besteuerung von sonstigen Bezügen ist in §39b Abs. 3 Satz 9 EStG geregelt.

Bei der Ermittlung der auf den sonstigen Bezug entfallenden Lohnsteuer ist immer die Jahreslohnsteuertabelle anzuwenden. Dabei wird von dem voraussichtlichen Jahresarbeitslohn ohne sonstigen Bezug ausgegangen; darauf wird die geschuldete Lohnsteuer ermittelt. Dann wird der sonstige Bezug addiert und wiederum die Jahreslohnsteuer ermittelt. Der Differenzbetrag ergibt die Lohnsteuer für den sonstigen Bezug. Der Solidaritätszuschlag beträgt stets 5,5% und die Kirchensteuer stets 8% bzw. 9% der auf den sonstigen Bezug ermittelten Lohnsteuer.

Diese Vorgehensweise ist bei jedem sonstigen Bezug erneut anzuwenden, auch wenn es z.B. Urlaubsgeld, Weihnachtsgeld und Jahresbonus in drei verschiedenen Monaten gibt. Die gute Nachricht: Das macht der Computer, Sie müssen nur eine entsprechende Lohnart wählen, die als sonstiger Bezug/ Einmalzahlung gekennzeichnet ist.

7.3 Verbeitragung von Einmalzahlungen

Grundsätzlich: Einmalige Zuwendungen sind bis zur jeweiligen anteiligen Beitragsbemessungsgrenze in der KV/PV und RV/AV beitragspflichtig. Die Verbeitragung ist in § 23a SGB IV geregelt.

Es wird der Anteil der Jahresbeitragsbemessungsgrenze bis zu dem Lohnzahlungszeitraum des laufenden Kalenderjahres ermittelt, in dem die Einmalzahlung gezahlt wird.

Beispiel 1: Der Arbeitnehmer war ab 1.1.2017 ohne Unterbrechungen beim Arbeitgeber A beschäftigt. Das Urlaubsgeld wird im Juni 2017 ausgezahlt: Die anteilige Beitragsbemessungsgrenze ist für sechs volle Monate bzw. 180 Kalendertage zu ermitteln. Volle Monate werden jeweils mit 30 Kalendertagen gezählt, Teilmonate mit den tatsächlichen Kalendertagen.

Beispiel 2: Der Arbeitnehmer war ab 16.2.2017 mit Unterbrechung von 17 Tagen vom 8.5. bis 24.5., in denen er Krankengeld erhalten hat, beim Arbeitgeber A beschäftigt. Das Urlaubsgeld wird im Juni 2017 ausgezahlt: Die anteilige Beitragsbemessungsgrenze ist für die Zeit vom 16.2. bis 30.6.2017 unter Abzug der 17 Krankengeldtage zu ermitteln: 13 Tage (Febr.) + 30 Tage (März) + 30 Tage (April) + 14 Tage (Mai) + 30 Tage (Juni) = 11 Kalendertage zu ermitteln.

Liegt das bis dahin erzielte Entgelt insgesamt innerhalb der Beitragsbemessungsgrenzen, ist die Einmalzahlung beitragspflichtig. Ergibt der Vergleich, dass die anteilige Beitragsbemessungsgrenze überschritten wird, wird die Einmalzahlung bis zum Differenzbetrag der Beitragspflicht unterworfen.

Eine Besonderheit stellen Einmalzahlungen in den Monaten Januar bis März dar: Hier werden Einmalzahlungen in voller Höhe dem Vorjahr zugeordnet, wenn sie nicht bei Berücksichtigung im Jahr der Zahlung voll beitragspflichtig sind und der Arbeitnehmer auch im Vorjahr bei demselben Arbeitgeber versicherungspflichtig beschäftigt war. Aber auch das ist dank des Computers unkompliziert: Sie müssen auch hier nur die entsprechende Lohnart wählen, die als sonstiger Bezug/Einmalzahlung gekennzeichnet ist.

!

Achtung

Für die Umlagen gilt: Einmalzahlungen sind nicht umlagepflichtig zur U1 und U2, aber umlagepflichtig zur Insolvenzgeldumlage.

7.4 Sonderfall: Abfindungen

Die Abfindung ist eine einmalige Zahlung von Seiten des Arbeitgebers an den Arbeitnehmer für den Verlust des Arbeitsplatzes.

Eine Abfindungszahlung ist kein Arbeitsentgelt, sondern eine Entschädigungszahlung. Daher sind Entlassungsabfindungen in der Sozialversicherung ohne betragsmäßige Grenzen beitragsfrei.

Steuerrechtlich ist eine Abfindung Arbeitslohn; hier besteht ein gravierender Unterschied zur SV-rechtlichen Beurteilung. Eine Abfindung ist ein sonstiger Bezug gem. §39b Abs. 3 Satz 9 EStG und muss als solcher besteuert werden. Um die Steuerprogression bei einer Abfindung abzumildern, gibt es die sog. Fünftelregelung in §34 Abs. 1 Satz 2 EStG. Danach muss eine Abfindung ermäßigt besteuert werden, wenn eine Zusammenballung von Einkünften in dem entsprechenden Kalenderjahr vorliegt. Das heißt, wenn der Arbeitnehmer infolge der Beendigung des Arbeitsverhältnisses einschließlich der Abfindung in dem jeweiligen Kalenderjahr insgesamt mehr erhält, als er bei ungestörter Fortsetzung des Arbeitsverhältnisses erhalten hätte, ist die Fünftelregelung anzuwenden.

7.5 Abrechnungsbeispiele

!

Beispiel – Urlaubsgeld

Harry Hacker erhält im Monat Juni 2017 ein Urlaubsgeld in Höhe von 1.700 Euro. Er arbeitet bei der Super Computer GmbH (Brandenburg – Rechtskreis Ost – 9% Kirchensteuer). Der Arbeitgeber hat 65 vollzeitbeschäftigte Arbeitnehmer, daher fallen keine Umlagebeiträge zur U1 an.

- Gehalt: 3.400 EUR

- Steuerliche Abzugsmerkmale: Steuerklasse I / 0,5 Kinderfreibeträge / evangelisch
- Krankenkasse: BARMER (Zusatzbeitrag 1,1%)

Arbeitgeber: Super Computer GmbH		
Arbeitnehmer: Harry Hacker		
Zeitraum: 1.6. – 30.6.2017		
Bruttolohn		Gesamtbrutto
Gehalt		3.400,00 EUR
Urlaubsgeld (Einmalzahlung)		**1.700,00 EUR**
Gesamtbrutto		5.100,00 EUR
Lohnsteuer auf laufenden Bezug (3.400 EUR)	-540,75 EUR	
Lohnsteuer auf sonstigen Bezug (1.700 EUR)	-473,00 EUR	
Solidaritätszuschlag laufend	-24,36 EUR	
Solidaritätszuschlag sonstiger Bezug	-26,01 EUR	
Kirchensteuer laufend	-39,86 EUR	
Kirchensteuer sonstiger Bezug	-42,57 EUR	
Steuerrechtliche Abzüge		-1.146,55 EUR
KV (7,3% + 1,1% ZB)	-285,60 EUR	
KV Einmalzahlung	-142,80 EUR	
RV (9,35%)	-317,90 EUR	
RV Einmalzahlung	-158,95 EUR	
AV (1,5%)	-51,00 EUR	
AV Einmalzahlung	-25,50 EUR	
PV (1,275%)	-43,35 EUR	
PV Einmalzahlung	-21,68 EUR	
SV-rechtliche Abzüge		-1.046,78 EUR
Gesetzliches Netto		2.906,67 EUR
Auszahlbetrag		2.906,67 EUR

Arbeitgeberanteil:	
KV (7,3%)	248,20 EUR
KV Einmalzahlung	124,10 EUR
RV (9,35%)	317,90 EUR
RV Einmalzahlung	158,95 EUR
AV (1,5%)	51,00 EUR
AV Einmalzahlung	25,50 EUR
PV (1,275%)	43,35 EUR
PV Einmalzahlung	21,68 EUR
Umlage 1	entfällt
Umlage 2 (0,45%) von 3.400 EUR	15,30 EUR
Insolvenzgeldumlage (0,09%) von 5.100 EUR	4,59 EUR
Gesamtaufwand Arbeitgeber	1.010,57

Nebenrechnung: Ermittlung der Lohnsteuer auf das Urlaubsgeld

			Jahreslohnsteuer
Voraussichtlicher Jahresarbeitslohn ohne Urlaubsgeld:	3.400,00 EUR Gehalt x 12 Monate	40.800,00 EUR	6.489,00 EUR
+ Urlaubsgeld		1.700,00 EUR	
Voraussichtlicher Jahresarbeitslohn mit Urlaubsgeld:		42.500,00 EUR	6.962,00 EUR
Differenz = Lohnsteuer auf Urlaubsgeld			473,00 EUR
Davon 5,5% SolZ			26,01 EUR
Davon 9% KiSt			42,57 EUR

Nebenrechnung: Ermittlung der anteiligen Beitragsbemessungsgrenzen

6 Monate x 3.400 EUR	20.400,00 EUR
+ Urlaubsgeld	1.700,00 EUR
Bruttoentgelt per 30.6.2017	22.100,00 EUR

Ermittlung der anteiligen Beitragsbemessungsgrenzen

KV/PV	6 Monate x 4.350,00 EUR	26.100,00 EUR
RV/AV (Ost)	6 Monate x 5.700,00 EUR	34.200,00 EUR

Das Bruttoarbeitsentgelt in Höhe von 22.100,00 EUR unterschreitet die anteilige BBG in der KV/PV (26.100,00 EUR) und in der RV/AV (34.200,00 EUR) (siehe auch Kapitel 3.6). Daher ist das gesamte Urlaubsgeld beitragspflichtig.

!

Beispiel – Erfolgsprämie

Harry Hacker erhält im Monat November 2017 eine Erfolgsprämie in Höhe von 24.000 Euro. Er arbeitet bei der Super Computer GmbH (Brandenburg – Rechtskreis Ost – 9% Kirchensteuer). Der Arbeitgeber hat 65 vollzeitbeschäftigte Arbeitnehmer, daher fallen keine Umlagebeiträge zur U1 an.

- Gehalt: 3.400 EUR, bisher 1.700 EUR Urlaubsgeld erhalten
- Steuerliche Abzugsmerkmale: Steuerklasse I / 0,5 Kinderfreibeträge / evangelisch
- Krankenkasse: BARMER (Zusatzbeitrag 1,1%)

Arbeitgeber: Super Computer GmbH		
Arbeitnehmer: Harry Hacker		
Zeitraum: 1.11. – 30.11.2017		
Bruttolohn		Gesamtbrutto
Gehalt		3.400,00 EUR
Erfolgsprämie (Einmalzahlung)		**24.000,00 EUR**
Gesamtbrutto		27.400,00 EUR
Lohnsteuer auf laufenden Bezug (3.400 EUR)	-540,75 EUR	
Lohnsteuer auf sonstigen Bezug (24.000 EUR)	-8.226,00 EUR	
SolZ laufend	-24,36 EUR	
SolZ sonstiger Bezug	-452,43 EUR	
KiSt laufend	-39,86 EUR	
KiSt sonstiger Bezug	-740,34 EUR	
Steuerrechtliche Abzüge		-10.023,74 EUR
KV (7,3% + 1,1% ZB)	-285,60 EUR	
KV Einmalzahlung	**-735,00 EUR**	
RV (9,35%)	-317,90 EUR	
RV Einmalzahlung	**-2.206,60 EUR**	
AV (1,5%)	-51,00 EUR	
AV Einmalzahlung	**-354,00 EUR**	
PV (1,275%)	-43,35 EUR	
PV Einmalzahlung	-111,56 EUR	
SV-rechtliche Abzüge		-4.105,01 EUR
Gesetzliches Netto		13.271,25 EUR
Auszahlbetrag		13.271,25 EUR

Arbeitgeberanteil:	
KV (7,3%)	248,20 EUR
KV Einmalzahlung von 8.750	**638,75 EUR**
RV (9,35%)	317,90 EUR
RV Einmalzahlung von 23.600	**2.206,60 EUR**
AV (1,5%)	51,00 EUR
AV Einmalzahlung von 23.600	**354,00 EUR**
PV (1,275%)	43,35 EUR
PV Einmalzahlung von 8.750	**111,56 EUR**
Umlage 1	entfällt
Umlage 2 (0,45%) von 3.400 EUR	15,30 EUR
IU (0,09%) von 27.000 EUR (3.400 EUR + 23.600 EUR)	24,30 EUR
Gesamtaufwand Arbeitgeber	1.010,57

Nebenrechnung: Ermittlung der Lohnsteuer auf die Prämie

			Jahreslohnsteuer
Voraussichtlicher Jahresarbeitslohn ohne Urlaubsgeld:	3.400,00 EUR Gehalt x 12 Monate	40.800,00 EUR	
+ Urlaubsgeld		1.700,00 EUR	
Voraussichtlicher Jahresarbeitslohn mit Urlaubsgeld:		42.500,00 EUR	6.962,00 EUR
+ Prämie:		24.000,00 EUR	
Voraussichtlicher Jahresarbeitslohn mit Prämie:		66.500,00 EUR	15.188,00 EUR
Differenz = Lohnsteuer auf Prämie			8.226,00 EUR
Davon 5,5% SolZ			452,43 EUR
Davon 9% KiSt			740,34 EUR

Nebenrechnung: Ermittlung des beitragspflichtigen Entgelts

11 Monate x 3.400 EUR	20.400,00 EUR
+ Urlaubsgeld:	1.700,00 EUR
+ Prämie:	24.000,00 EUR
Bruttoentgelt per 30.11.2017	63.100,00 EUR

Ermittlung der anteiligen Beitragsbemessungsgrenzen

KV/PV	11 Monate x 4.350,00 EUR	47.850,00 EUR
RV/AV (Ost)	11 Monate x 5.700,00 EUR	62.700,00 EUR

Das Bruttoarbeitsentgelt in Höhe von 63.100,00 EUR überschreitet die anteilige BBG in der KV/PV (47.850,00 EUR) um 15.250,00 Euro und in der RV/AV (62.700,00 EUR) um 400,00 Euro. Daher ist dieser jeweilige übersteigende Betrag von der Prämie abzuziehen und beitragsfrei:

Prämie:	24.000,00 EUR
KV/PV-frei:	15.250,00 EUR
KV/PV-pflichtig:	8.750,00 EUR

Prämie:	24.000,00 EUR
RV/AV-frei:	400,00 EUR
RV/AV-pflichtig und umlagepflichtig zur IU:	23.600,00 EUR

Beispiel – Abfindung mit Fünftelregelung !

Emil Ehrenhaft, Fa. CHAOS Computer GmbH (Berlin – Rechtskreis West – 9% Kirchensteuer) erhält im Oktober 2017 infolge einer vom Arbeitgeber veranlassten Auflösung des Dienstverhältnisses zum 31.10.2017 eine Abfindung in Höhe von 24.800 Euro. Einmalzahlungen sind bisher nicht erfolgt. Der Arbeitgeber hat 30 vollzeitbeschäftigte Arbeitnehmer, daher fallen Umlagebeiträge zur U1 an.

- Gehalt: 3.400 EUR
- Steuerliche Abzugsmerkmale: Steuerklasse I / 0,5 Kinderfreibeträge / evangelisch
- Krankenkasse: BARMER (Zusatzbeitrag 1,1%)
- Beurteilung zu Fünftelregelung: Das Arbeitsverhältnis ist zum 31.10.2017 beendet. Bis zum 31.12.2017 hätte der Arbeitnehmer voraussichtlich

3.400 EUR x 12 Monate = 40.800 EUR Arbeitslohn erhalten. Tatsächlich erhält er für 2017:

- 10 Monate x 3.400 EUR Gehalt = 34.000 EUR + 24.800 EUR Abfindung = 58.800 EUR.

Das ist mehr als 40.800 Euro, damit sind die Voraussetzungen für die Anwendung der Fünftelregelung erfüllt.

Arbeitgeber: CHAOS Computer GmbH		
Arbeitnehmer: Emil Ehrenhaft		
Zeitraum: 1.10. – 31.10.2017		
Bruttolohn		Gesamtbrutto
Gehalt		3.400,00 EUR
Abfindung		**24.800,00 EUR**
Gesamtbrutto		28.200,00 EUR
Lohnsteuer auf laufenden Bezug (3.400 EUR)	-540,75 EUR	
Lohnsteuer auf sonstigen Bezug (24.800 EUR)	-7.035,00 EUR	
Solidaritätszuschlag laufend	-24,36 EUR	
Solidaritätszuschlag sonstiger Bezug	-386,92 EUR	
Kirchensteuer laufend	-39,86 EUR	
Kirchensteuer sonstiger Bezug	-633,15 EUR	
Steuerrechtliche Abzüge		-8.660,04 EUR
KV (7,3% + 1,1% ZB)	-285,60 EUR	
RV (9,35%)	-317,90 EUR	
AV (1,5%)	-51,00 EUR	
PV (1,275%)	-43,35 EUR	
SV-rechtliche Abzüge		-697,85 EUR
Gesetzliches Netto		18.842,11 EUR
Auszahlbetrag		18.842,11 EUR

Arbeitgeberanteil (von 3.400 EUR):	
KV (7,3%)	248,20 EUR
RV (9,35%)	317,90 EUR
AV (1,5%)	51,00 EUR
PV (1,275%)	43,35 EUR
Umlage 1 (2,1%)	71,40 EUR
Umlage 2 (0,45%)	15,30 EUR
Insolvenzgeldumlage (0,09%)	3,06 EUR
Gesamtaufwand Arbeitgeber	750,21 EUR

Nebenrechnung: Ermittlung der Lohnsteuer auf die Abfindung

			Jahreslohnsteuer
Voraussichtlicher Jahresarbeitslohn ohne Urlaubsgeld:	3.400,00 EUR Gehalt x 12 Monate	40.800,00 EUR	6.489,00 EUR
+ 1/5 der Abfindung in Höhe von 24.800 EUR		4.960,00 EUR	
Voraussichtlicher Jahresarbeitslohn mit 1/5 Abfindung:		45.760,00 EUR	7.896,00 EUR
Differenz = Lohnsteuer auf 1/5 der Abfindung:			1.407,00 EUR
Multiplikation mit 5 = Lohnsteuer auf Abfindung			7.035,00 EUR
Davon 5,5% SolZ			386,92 EUR
Davon 9% KiSt			633,15 EUR

8 Sachbezüge

8.1 Grundlagen

8.1.1 Allgemeine Grundlagen

Arbeitslohn sind alle Einnahmen, die dem Arbeitnehmer aus dem Dienstverhältnis zufließen (§8 Abs. 1 EStG). Es ist unerheblich, unter welcher Bezeichnung und in welcher Form die Einnahmen gewährt werden (§2 Abs. 1 LStDV). Neben Barlohn gehört die Gewährung von Sachbezügen zum Arbeitslohn.

Sachbezüge sind alle nicht in Geld bestehenden Einnahmen. Die Regelungen finden sich in §8 Abs. 2 und 3 EStG. Ob Barlöhne oder Sachbezüge vorliegen, entscheidet sich danach, was der Arbeitnehmer vom Arbeitgeber auf der Grundlage der arbeitsvertraglichen Vereinbarung beanspruchen kann.

Ein Sachbezug liegt nicht vor, wenn der Arbeitnehmer anstelle von Sachlohn Barlohn verlangen kann. Wenn z.B. im Tarifvertrag ein Weihnachtsgeld vereinbart ist, hat der Arbeitnehmer Anspruch auf das Weihnachtsgeld. Dann kann der Arbeitgeber das Weihnachtsgeld nicht ohne Weiteres in einen Sachbezug umwandeln.

Ein Sachbezug liegt auch vor, wenn der Arbeitnehmer einen Gutschein über einen Euro-Betrag zum Erwerb von Waren erhält, wenn er eine Tankkarte zum Erwerb von Treibstoff erhält oder wenn er einen Geldbetrag mit der Auflage erhält, diesen für eine bestimmte Sache zu verwenden.

Die Sachbezüge gehören zum Arbeitslohn im steuerrechtlichen Sinne, aber auch zum beitragspflichtigen Arbeitsentgelt, sofern sie steuerpflichtig sind.

8.1.2 Bewertung von Sachbezügen

Geldlohn ist einfach zu bewerten. 3.000 Euro Gehalt sind 3.000 Euro Steuerbrutto und 3.000 Euro SV-Brutto.

Schwieriger ist es bei Sachlohn. Der Arbeitnehmer erhält ja »die Sache« und diese muss in Geld bewertet werden, um sie zu versteuern und ggf. zu verbeitragen.

Der geldwerte Vorteil eines Sachbezugs entspricht im Prinzip dem Geldbetrag, den der Arbeitnehmer ausgeben bzw. mehr ausgeben müsste, wenn er sich die Sache selbst beschaffen müsste. Im Allgemeinen ist dieser Geldbetrag als steuerpflichtiger Arbeitslohn (sog. »Fiktivlohn«) anzusetzen.

Rechtsgrundlage ist §8 Abs. 2 und 3 EStG in Verbindung mit R 8.1 und 8.2 der Lohnsteuerrichtlinie. Außerdem helfen verschiedene BMF-Schreiben weiter, die sich mit der Bewertung von Sachbezügen beschäftigen. Im Sozialversicherungsrecht ist die Grundlage §14 Abs. 1 SGB IV in Verbindung mit der SvEV.

Die allgemeine Vorschrift für Sachbezüge (§8 Abs. 2 Satz 1 EStG) lautet, dass Sachbezüge, für die kein amtlicher Sachbezugswert festgesetzt wurde, mit den um übliche Preisnachlässe geminderten üblichen Endpreisen am Abgabeort im Zeitpunkt der Abgabe anzusetzen sind. »Üblicher Endpreis« bedeutet, dass übliche Preisnachlässe (solche, die für Endverbraucher gelten) abgezogen werden dürfen.

Das ist der Grundsatz, von dem es aber diverse Ausnahmen gibt:

- Besondere Regelungen gibt es für die private Nutzung von Firmenwagen (siehe Kapitel 8.2).
- Eine weitere Besonderheit sind die amtlichen Sachbezugswerte für Unterkunft und Verpflegung (siehe Kapitel 8.5). Hier spielt z.B. der Endverbraucherpreis überhaupt keine Rolle. Die amtlichen Sachbezugswerte werden jährlich neu ermittelt und veröffentlicht.
- Dann gibt es noch die Möglichkeit der Bewertung mit dem günstigsten Marktpreis. Hier kann man sich auf alle allgemein zugänglichen Internetangebote beziehen und das günstigste auswählen.

Wenn Sie sich jetzt aufgrund der verschiedenen Möglichkeiten verwirrt fühlen: Lesen Sie einfach die folgenden Kapitel aufmerksam und Sie werden für jedes Bewertungsproblem eine Lösung finden.

8.1.3 Einkommensteuerpflicht von Sachbezügen

Sachbezüge sind grundsätzlich einkommensteuerpflichtig; für Arbeitnehmer heißt das: lohnsteuerpflichtig. Sie können individuell oder pauschal versteuert werden oder auch in bestimmten Grenzen steuerfrei sein.

Aber auch von diesem Grundsatz gibt es wiederum Ausnahmen: Ein geldwerter Vorteil wird verneint, wenn es sich um Annehmlichkeiten im Sinne von Aufmerksamkeiten (R 19.6 LStR), Schaffung der sachlichen Voraussetzungen für die Arbeitsleistung oder Zuwendungen im überwiegend betrieblichen Interesse handelt. Dann ist die Zuwendung gar nicht steuerbar.

Neu in §19 Abs. 1 Nr. 1a EStG geregelt ist die Einkommensteuerpflicht von Zuwendungen anlässlich von Betriebsveranstaltungen. Diese Zuwendungen sind grundsätzlich Arbeitslohn (Ausnahme: zwei Veranstaltungen pro Jahr mit Zuwendungen mit max. 110 Euro pro Arbeitnehmer pro Veranstaltung).

8.1.4 Kirchensteuerpflicht bei der Lohnsteuerpauschalierung von Sachbezügen

Zur Erhebung der Kirchensteuer kann der Arbeitgeber zwischen dem Nachweisverfahren und dem vereinfachten Verfahren wählen. Welche Methode er wählt, kann er für jeden Lohnsteueranmeldungszeitraum und jeden einzelnen Pauschalierungstatbestand einzeln entscheiden.

Entscheidet sich der Arbeitgeber für das Nachweisverfahren, muss der Arbeitgeber für jeden einzelnen Arbeitnehmer nachweisen, ob er einer kirchensteuererhebenden Religionsgemeinschaft angehört. Das ist ohne Weiteres möglich, wenn er den Sachbezug dem Arbeitnehmer direkt zuordnen kann (z.B. bei der Firmenwagennutzung – siehe Kapitel 8.2.3 – oder einem Jobticket – siehe Kapitel 8.3.1). Wenn die Nachweisführung – wie z.B. bei Versteuerung der Kantinenmahlzeiten – gar nicht möglich ist, dann muss er sich für das vereinfachte Verfahren entscheiden.

Beim vereinfachten Verfahren muss der Arbeitgeber in allen Fällen der Lohnsteuerpauschalierung für sämtliche Arbeitnehmer, unabhängig davon, ob sie einer kirchensteuererhebenden Religionsgemeinschaft angehören oder nicht, Kirchensteuer entrichten. Dafür gibt es ermäßigte Kirchensteuersätze, die in den einzelnen Bundesländern unterschiedlich hoch sind (siehe auch Kapitel 2.8). Der ermäßigte Kirchensteuersatz in Berlin und Brandenburg beträgt z.B. 5%. Die pauschalierte Kirchensteuer im vereinfachten Verfahren muss in der Lohnsteueranmeldung in einer gesonderten Zeile ausgewiesen werden.

8.1.5 Sozialversicherungspflicht von Sachbezügen

Die beitragsrechtliche Einstufung der Sachbezüge richtet sich inhaltlich weitestgehend nach der steuerrechtlichen Beurteilung. Die grundsätzliche Pflicht, Sachbezüge auch der Verbeitragung zu unterwerfen, ergibt sich aus dem sozialversicherungsrechtlichen Arbeitsentgeltbegriff im §14 Abs. 1 SGB IV (siehe Kapitel 3.1).

Ausnahmen ergeben sich aus der Sozialversicherungsentgeltverordnung. Bezüge werden dem Arbeitsentgelt nicht zugeordnet, soweit

- sie lohnsteuerfrei sind oder
- es sich um pauschalversteuerte Sachbezüge nach §40 Abs. 1 S. 1 Nr. 1 EStG, §40 Abs. 2 EStG oder §40b EStG handelt.

Aber: Sachbezüge an eigene Arbeitnehmer, die nach §37b EStG pauschal versteuert werden (siehe Tabelle 2 in Kap. 2.10), sind nicht SV-frei.

8.1.6 Umsatzsteuerpflicht von Sachbezügen

Was hat die Umsatzsteuer bei der Lohnabrechnung zu suchen, könnte man meinen. Umsatzsteuer entsteht doch nur, wenn der Unternehmer etwas verkauft, oder? Eigentlich ja, aber hier müssen wir ein sehr weit gefasstes Verständnis von dem Begriff »Verkaufen« anwenden. Denn wenn der Arbeitgeber dem Arbeitnehmer unentgeltlich oder teilentgeltlich Sachen überlässt, ist das auch ähnlich einem »Verkauf«, nur dass der Arbeitnehmer nicht mit Geld, sondern mit seiner Arbeitskraft »bezahlt«. Man spricht hier von einem »tauschähnlichen Umsatz«.

Nach §3 Abs. 1b Satz 1 Nr. 2 UStG gelten unentgeltliche Zuwendungen eines Gegenstands durch einen Unternehmer an sein Personal für dessen privaten Bedarf als Lieferung gegen Entgelt. Die Sachzuwendungen an das Personal werden aber nur besteuert, wenn die Anschaffungs- und Herstellungskosten des abgegebenen Gegenstands oder seiner Bestandteile mit Umsatzsteuer belastet waren und der Unternehmer zum Vorsteuerabzug berechtigt war.

Steht bei der Anschaffung des Gegenstands durch den Arbeitgeber schon fest, dass der Gegenstand dem Arbeitnehmer im Rahmen einer Sachzuwendung für dessen privaten Bedarf zugewendet werden soll, besteht kein direkter unmittelbarer Zusammenhang mit der wirtschaftlichen Gesamttätigkeit des Unternehmens und der Vorsteuerabzug entfällt. Dann entfällt auch die Umsatzbesteuerung der Sachzuwendung.

Nach §3 Abs. 9a UStG werden unentgeltliche sonstige Leistungen an den Arbeitnehmer den sonstigen Leistungen gegen Entgelt gleichgestellt. Sonstige Leistungen, die aus der Sicht des Arbeitgebers einen Teil der Entlohnung darstellen, stellen umsatzsteuerlich einen steuerbaren und regelmäßig auch steuerpflichtigen Leistungsaustausch dar. Dazu gehören Sachzuwendungen in Form der Verwendung eines Gegenstandes (z.B. Überlassung eines Firmenwagens zur privaten Nutzung) und die unentgeltliche Erbringung anderer sonstiger Leistungen (z.B. die Gewährung zinsloser Kredite). Die Besteuerung unterbleibt, wenn von vornherein die Verwendung für den privaten Bedarf des Arbeitnehmers feststeht (Beispiel: Jobticket).

Aufmerksamkeiten und Leistungen im ganz überwiegend eigenbetrieblichen Interesse des Arbeitgebers (siehe Kapitel 8.1.7) sind von der Besteuerung ausgenommen.

8.1.7 Überblick über verschiedene Sachbezüge

Sachbezüge werden ausführlich in der Lohnsteuerrichtlinie erläutert:

- R 8.1 LStR bezieht sich auf §8 Abs. 2 EStG. Hier geht es u.a. um
  - Kraftfahrzeugüberlassung
  - Unterkunft
  - Wohnungsüberlassung

  - Kantinenmahlzeiten
  - Essenmarken
  - Mahlzeiten aus besonderem Anlass (Belohnungsessen)
  - Geringfügige Sachbezüge, z. B. Gutscheine, Tankkarten
  - Jobtickets
- R 8.2 LStR bezieht sich auf §8 Abs. 3 EStG. Hier geht es um Waren oder Dienstleistungen, die der Arbeitgeber üblicherweise nicht für seine Arbeitnehmer, sondern für Kunden anbietet und die er seinen eigenen Arbeitnehmern zu besonderen Konditionen oder unentgeltlich zur Verfügung stellt. Dazu gehören:
  - Deputate; das sind Waren, die der Arbeitgeber selbst herstellt und kostenlos an die Arbeitnehmer abgibt, z. B. Getränke, Lebensmittel, Strom
  - Personalrabatte für Waren oder Dienstleistungen, die der Arbeitgeber den Arbeitnehmern verbilligt anbietet, z. B. im Einzelhandel oder im Personalverkauf eines Industriebetriebs

Neben der Lohnsteuerrichtlinie gibt es verschiedene BMF-Schreiben, die sich mit Sachbezügen bzw. Sachzuwendungen beschäftigen. Beispielhaft sollen genannt werden:

- Sachzuwendungen gem. §37b EStG
  - Geschenke
  - Incentives (z. B. Reisen, Eintrittskarten für Sport- oder Kulturveranstaltungen)
- Betriebsveranstaltungen
- Arbeitgeberdarlehen (zinslos oder zinsverbilligt)
- Vermögensbeteiligungen

8.1.8 Ausnahmen: Welche Zuwendungen an Arbeitnehmer sind keine Sachbezüge?

Natürlich gilt auch hier: keine Regel ohne Ausnahme. Daher muss man auch wissen, wann Zuwendungen an Arbeitnehmer nicht als Sachbezug gelten. Denn wenn die Zuwendung gar kein Arbeitslohn ist, brauchen wir uns über Versteuerung und Verbeitragung keine Gedanken zu machen.

Zu den Ausnahmen gehören:

- Aufmerksamkeiten (R 19.6 LStR):
  - Geschenke an Arbeitnehmer zu einem besonderen persönlichen Anlass bis zu einem Wert von 60 Euro
  - Getränke und Genussmittel, die der Arbeitgeber zum Verbrauch im Betrieb zur Verfügung stellt
- Zuwendungen anlässlich von Betriebsveranstaltungen (§19 Abs. 1 S.1 Nr. 1a S.3 und 4 EStG):
  - wenn die Zuwendung pro teilnehmendem Arbeitnehmer maximal 110 Euro beträgt und
  - maximal zwei Veranstaltungen im Jahr durchgeführt werden
- Berufliche Fort- und Weiterbildungsleistungen des Arbeitgebers im überwiegenden betrieblichen Interesse des Arbeitgebers (R 19.7 LStR)

Sofern die o.g. Grenzen überschritten werden bzw. die Weiterbildung überwiegend den Interessen des Arbeitnehmers und nicht des Arbeitgebers dient, liegt wiederum ein Sachbezug vor, der entsprechend bewertet und ggf. versteuert und verbeitragt werden muss.

Woher soll ich das als Lohnbuchhalter eigentlich wissen?

- Lohnbuchhaltung und Finanzbuchhaltung müssen miteinander korrespondieren und der Finanzbuchhalter, der die laufenden Belege verbucht, muss über die Thematik Sachbezüge Bescheid wissen, damit er einerseits den Mandanten über die Einhaltung der Grenzen informieren, andererseits aber auch die Lohnbuchhaltung über das Vorhandensein von Sachbezügen informieren kann.
- Oft führt die mangelnde Kenntnis und Information zur Thematik Sachbezüge zu Nachforderungen von Steuern und Sozialversicherungsbeiträgen im Rahmen von Außenprüfungen. Dazu mehr in Kapitel 14.

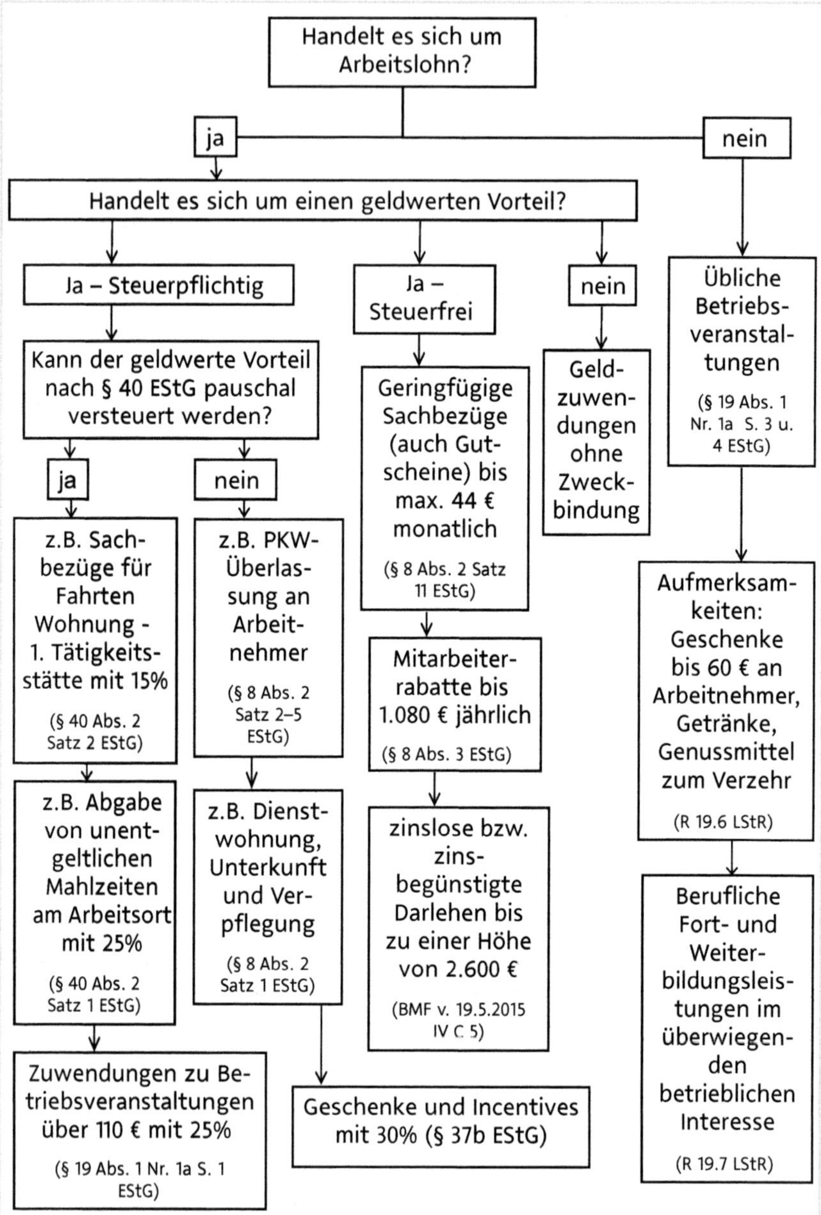

Schaubild Sachbezüge 2017

8.2 Firmenwagen zur privaten Nutzung

Das Thema »Firmenwagen« ist ein Dauerbrenner bei Betriebsprüfungen und in der Rechtsprechung. Daher ist es für den Lohnbuchhalter wichtig, sich in dieser Thematik auszukennen.

Zunächst einmal ist es wichtig zu wissen, wofür der Firmenwagen dem Arbeitnehmer zur Verfügung gestellt wurde. Darf der Arbeitnehmer den Firmenwagen nur für dienstliche Fahrten nutzen, dann ist diese Nutzung natürlich im betrieblichen Interesse des Arbeitgebers und der Arbeitnehmer erlangt keinen persönlichen Vorteil. Wird der Firmenwagen jedoch (auch) für private Zwecke überlassen, entsteht ein sog. geldwerter Vorteil. Wie dieser Vorteil zu bewerten ist, ist gesetzlich geregelt. In §8 Abs. 2 EStG werden die folgenden Punkte geregelt:

- Pauschalverfahren auf der Basis des Bruttolistenpreises, die sog. 1-%-Regelung (§8 Abs. 2 Satz 2 EStG)
- Nutzungsmöglichkeiten für die Fahrten zwischen Wohnung und erster Tätigkeitsstätte des Arbeitnehmers, die sog. 0,03-%-Regel (§8 Abs. 2 Satz 3 EStG)
- Regelungen zur Ermittlung des geldwerten Vorteils mittels Fahrtenbuch (§8 Abs. 2 Satz 4 EStG)
- Regelung zur Nutzung des Firmenwagens für Familienfahrten im Rahmen einer doppelten Haushaltführung (§8 Abs. 2 Satz 5 EStG).

8.2.1 Die 1-%-Regelung

Grundlage für die Bewertung ist hier der auf volle 100 Euro abgerundete inländische Bruttolistenpreis zum Tag der Erstzulassung. Dieser ist auch bei gebrauchten, geleasten und im Ausland gekauften Kraftfahrzeugen anzuwenden.

! **Beispiel 1**

Inländischer Listenpreis	32.675,00 EUR
Navigationssystem (werksseitig eingebaut)	+ 1.512,00 EUR
Diebstahlsicherung (werksseitig eingebaut)	+ 522,00 EUR
Summe	34.709,00 EUR
Abzurunden auf volle 100 EUR	34.700,00 EUR
Davon 1%	**347,00 EUR**

Dieser Betrag ändert sich während der gesamten Nutzungsdauer nicht, auch nicht, wenn das Kraftfahrzeug bereits abgeschrieben ist. Er ändert sich auch nicht, wenn das Kraftfahrzeug zu einem späteren Zeitpunkt nachgerüstet wird, z. B. mit einer Standheizung.

! **Beispiel 2**

Ein Arbeitnehmer erhält einen Dienstwagen, den er privat nutzen darf. Der geldwerte Vorteil wird nach der 1-%-Regelung errechnet.
Angaben zum Firmenwagen:

- Angebotspreis des Händlers (brutto): 30.000 EUR
- Inländischer Listenpreis (brutto): 32.675 EUR
- Sonderausstattung (werkseitig eingebaut):
  - Diebstahlsicherung: 522 EUR
  - Freisprechanlage: 150 EUR

Nachträglich lässt der Arbeitgeber eine Standheizung im Wert von 1.512 EUR einbauen.
Wie hoch ist der monatliche geldwerte Vorteil?

Lösung:
Als Bemessungsgrundlage für den geldwerten Vorteil wird der inländische Listenpreis zuzüglich des Preises für die Diebstahlsicherung zugrunde gelegt. Der Preis für die Freisprechanlage wird allerdings nicht hinzugezogen, da diese gem. R 8.1 Abs. 9 Nr. 1 LStR zu den Telekommunikationsgeräten gehört. Ebenso entfällt der Ansatz der Kosten für die nachträglich eingebaute Standheizung, da

diese nachträglich eingebaute Sonderausstattung nicht den geldwerten Vorteil erhöht:

Listenpreis	32.675,00 EUR
Diebstahlsicherung	+ 522,00 EUR
Summe	33.197,00 EUR
Abzurunden auf volle 100 EUR	33.100,00 EUR
Davon 1%	**331,00 EUR**

8.2.2 Die 0,03-%-Regelung

Der Zuschlag für die Fahrten zwischen Wohnung und erster Tätigkeitsstätte kommt zur 1-%-Regel hinzu und setzt voraus, dass der Arbeitnehmer überhaupt eine erste Tätigkeitsstätte hat bzw. einen Sammelpunkt oder ein weiträumiges Arbeitsgebiet, das er regelmäßig anfahren muss (siehe §9 Abs. 1 Satz 3 Nr. 4 und 4a EStG). Fehlt es am Vorhandensein einer ersten Tätigkeitsstätte, ist auch kein geldwerter Vorteil zu versteuern.

Die 0,03-%-Regel ist eigenständig neben der 1-%-Regel zu prüfen und anzuwenden. Sie gilt auch dann, wenn das Kraftfahrzeug ausschließlich für Fahrten zwischen Wohnung und erster Tätigkeitsstätte überlassen wird oder das Fahrzeug wegen seiner objektiven Beschaffenheit und Einrichtung für eine Nutzung zu privaten Zwecken nicht geeignet ist. Das ist bei sog. Werkstattwagen oder Monteurwagen der Fall.

Die 0,03-%-Pauschale bezieht sich auf 15 Arbeitstage im Monat, d.h.,

- für jeden mit dem Fahrzeug zurückgelegten Kilometer sind 0,001% des Bruttolistenpreises anzusetzen,
- für jeden Entfernungskilometer zwischen Wohnung und erster Tätigkeitsstätte 0,002% (0,002% x 15 Arbeitstage = 0,03%).

! **Beispiel 1**

Der Arbeitnehmer im o.g. Beispiel hat eine Entfernung zwischen Wohnung und erster Tätigkeitsstätte von 22 Kilometern.

Listenpreis	32.675,00 EUR
Navigationssystem (werksseitig eingebaut)	+ 1.512,00 EUR
Diebstahlsicherung (werksseitig eingebaut)	+ 522,00 EUR
Summe	34.709,00 EUR
Abzurunden auf volle 100 EUR	34.700,00 EUR
Davon 1%	347,00 EUR
Fahrten Wohnung – erste Tätigkeitsstätte (0,03% von 34.700 EUR x 22 Kilometer)	+ 229,02 EUR
Geldwerter Vorteil insgesamt	**576,02 EUR**

Nachfolgend finden Sie ein vollständiges Abrechnungsbeispiel zur privaten Firmenwagennutzung:

! **Beispiel – Private Firmenwagennutzung**

Fritz Fahrig erhält erstmalig am 10. Juli 2017 zusätzlich zu seinem Gehalt von 2.850 Euro einen Firmenwagen mit einem Bruttolistenpreis von 32.100 Euro, den er für private Zwecke nutzen darf. Die Entfernung zwischen Wohnung und erster Tätigkeitsstätte beträgt 24 Kilometer. Die Bereitstellung zum 10. Juli führt nicht zu einer Kürzung des Monatswerts.
Gehalt: 2.850,00 Euro
Steuerklasse: IV / kein Kinderfreibetrag (aber ein Kind bei der Pflegeversicherung zu berücksichtigen) / 9% Kirchensteuer
Krankenkasse: Techniker KK (1,0% Zusatzbeitrag)

Arbeitgeber: CHAOS Computer GmbH		
Arbeitnehmer: Fritz Fahrig		
Zeitraum: 1.7. – 31.7.2017		
Bruttolohn		Gesamtbrutto
Gehalt		2.850,00 EUR
Sachbezug 1-%-Regel		**321,00 EUR**
Sachbezug 0,03-%-Regel: **32.100 EUR x 24 km x 0,03 %**		**231,12 EUR**
Gesamtbrutto		3.402,12 EUR
Lohnsteuer	-542,41 EUR	
Solidaritätszuschlag	-29,83 EUR	
Kirchensteuer	-48,81 EUR	
Steuerrechtliche Abzüge		-621,05 EUR
KV (7,3 % + 1,0 % ZB)	-282,38 EUR	
RV (9,35 %)	-318,10 EUR	
AV (1,5 %)	-51,03 EUR	
PV (1,275 %)	-43,38 EUR	
SV-rechtliche Abzüge		-694,89 EUR
Gesetzliches Netto		2.086,18 EUR
Verrechneter Sachbezug (119 % incl. 19 % USt.)		-552,12 EUR
Auszahlbetrag		1.534,06 EUR

Aus dem Betrag von 552,12 Euro ist die Umsatzsteuer herauszurechnen:

552,12 Euro : 119 % x 19 % = 88,15 Euro.

Dieser Betrag ist monatlich im Rahmen der Umsatzsteuervoranmeldung anzumelden und an das Finanzamt abzuführen.

Arbeitgeberanteil (von 3.402,12 EUR):	
KV (7,3%)	248,35 EUR
RV (9,35%)	318,10 EUR
AV (1,5%)	51,03 EUR
PV (1,275%)	43,38 EUR
Umlage 1 (1,9%)	64,64 EUR
Umlage 2 (0,49%)	16,67 EUR
Insolvenzgeldumlage (0,09%)	3,06 EUR
Gesamtaufwand Arbeitgeber	745,23 EUR

8.2.3 Die Pauschalversteuerung für Fahrten zwischen Wohnung und erster Tätigkeitsstätte

Der Arbeitgeber kann den Betrag, den der Arbeitnehmer als Werbungskosten geltend machen könnte, gem. §40 Abs. 2 Satz 2 EStG mit 15% pauschal versteuern (zzgl. Solidaritätszuschlag und ggf. Kirchensteuer). Dieser Betrag fällt dann aus der individuellen Versteuerung und ist beitragsfrei in der Sozialversicherung (§1 Abs. 1 S.1 Nr. 3 SvEV). Vorteilhaft ist die Pauschalversteuerung dann, wenn der individuelle Steuersatz des Arbeitnehmers über 15% liegt und der Arbeitnehmer die Beitragsbemessungsgrenzen in der SV noch nicht überschritten hat.

Die Entfernungspauschale beträgt 0,30 Euro pro Entfernungskilometer. Aus Vereinfachungsgründen dürfen monatlich 15 Arbeitstage angesetzt werden.

Die Pauschalversteuerung ist eine Kann-Bestimmung.

!

Beispiel 1 0,03-%-Regelung – Fortführung

Fortführung des o.g. Beispiels bei einer Entfernung von 24 Kilometern:
Der geldwerte Vorteil für Fahrten zwischen Wohnung und erster Tätigkeitsstätte beträgt 0,03% von 32.100 EUR x 24km = 231,12 Euro.
Davon können pauschal versteuert werden:

0,30 Euro x 24km x 15 Arbeitstage =	108,00 Euro
Davon 15% pauschale Lohnsteuer =	16,20 Euro
Zzgl. 5,5% SolZ von 16,20 Euro =	0,89 Euro
Zzgl. 9% KiSt von 16,20 Euro =	1,45 Euro
Gesamtbelastung	18,54 Euro

Wer ist Schuldner der pauschalen Lohnsteuer?

Der Arbeitgeber ist Schuldner der pauschalen Lohnsteuer gem. §40 Abs. 3 EStG. Er kann jedoch die pauschale Lohnsteuer (zzgl. SolZ und KiSt) im Innenverhältnis auf den Arbeitnehmer abwälzen (H 40.2 LStH – Abwälzung der pauschalen Lohnsteuer).

Da die pauschal versteuerten Lohnbestandteile jedoch gem. §1 Abs. 1 Satz 1 Nr. 3 SvEV sozialversicherungsfrei sind, entfällt auch der Arbeitgeberanteil darauf; somit entstehen dem Arbeitgeber keine höheren Kosten, wenn er anstatt der SV-Arbeitgeberanteile die Pauschalsteuern trägt. Etwas anderes würde nur gelten, wenn der Arbeitnehmer nicht sozialversicherungspflichtig ist (z.B. der Gesellschafter-Geschäftsführer) oder der Arbeitnehmer bereits (ganz oder teilweise) über den Beitragsbemessungsgrenzen liegt.

! **Beispiel 1 0,03-%-Regelung – Abrechnung**

Arbeitgeber: CHAOS Computer GmbH

Arbeitnehmer: Fritz Fahrig

Zeitraum: 1.7. – 31.7.2017

Bruttolohn	Stpfl.	pauschal	Gesamtbrutto
Gehalt	2.850,00 EUR		2.850,00 EUR
Sachbezug 1-%-Regel	**321,00 EUR**		**321,00 EUR**
Sachbezug 0,03-%-Regel: 32.100 EUR x 24 km x 0,03%	**231,12 EUR**		**231,12 EUR**
Davon pauschal versteuert	-108,00 EUR	+108,00 EUR	
Gesamtbrutto			3.402,12 EUR
Steuer- und SV-Brutto	3.294,12 EUR		
Lohnsteuer	-512,83 EUR		
Solidaritätszuschlag	-28,20 EUR		
Kirchensteuer	-46,15 EUR		
Steuerrechtliche Abzüge			-587,18 EUR
KV (7,3% + 1,0% ZB)	-273,41 EUR		
RV (9,35%)	-308,00 EUR		
AV (1,5%)	-49,41 EUR		
PV (1,275%)	-42,00 EUR		
SV-rechtliche Abzüge			-672,82 EUR
Gesetzliches Netto			2.142,12 EUR
Verrechneter Sachbezug (119% incl. 19% USt.)			-552,12 EUR
Auszahlbetrag			1.590,00 EUR

Arbeitgeberanteil (von 3.294,12 EUR):	
KV (7,3%)	240,47 EUR
RV (9,35%)	308,00 EUR
AV (1,5%)	49,41 EUR
PV (1,275%)	42,00 EUR
Umlage 1 (1,9%)	62,59 EUR
Umlage 2 (0,49%)	16,14 EUR
Insolvenzgeldumlage (0,09%)	2,96 EUR
Gesamtaufwand Arbeitgeber	721,57 EUR

Berechnung der Pauschalsteuer, die zum Gesamtaufwand des Arbeitgebers hinzukommt:

Pauschalsteuer	
15% pauschale Lohnsteuer	16,20 EUR
5,5% SolZ	0,89 EUR
9% KiSt	1,45 EUR
Gesamtaufwand Arbeitgeber	18,54 EUR

Die Ersparnis des Arbeitgebers bei den SV-Beiträgen beträgt:

745,23 EUR – 721,57 EUR = 23,66 EUR

Dafür trägt er zusätzlich die Kosten für die Pauschalsteuern in Höhe von 18,54 Euro. Seine Ersparnis beträgt trotz Übernahme der Pauschalsteuern 5,12 Euro.

8.2.4 Die Fahrtenbuchmethode

Die Fahrtenbuchmethode setzt ein über das ganze Kalenderjahr geführtes ordnungsgemäßes Fahrtenbuch voraus. Ein Übergang von der 1-%-Regelung zur Fahrtenbuchmethode kann nur zum Anfang des Kalenderjahres oder bei Fahrzeugwechsel erfolgen.

Bei der individuellen Berechnungsmethode müssen die dienstlich und privat gefahrenen Kilometer sowie die für Fahrten zwischen Wohnung und erster

Tätigkeitsstätte bzw. Familienheimfahrten zurückgelegten Kilometer im Einzelnen nachgewiesen werden. Hierzu ist ein laufend geführtes ordnungsgemäßes Fahrtenbuch notwendig. Nach R 8.1 Abs. 9 Nr. 2 LStR muss das Fahrtenbuch folgende Mindestangaben enthalten:

- Datum und Kilometerstand zu Beginn sowie am Ende jeder einzelnen beruflichen Auswärtstätigkeit
- Reiseziel und bei Umwegen auch Reiseroute
- Reisezweck und aufgesuchte Geschäftspartner

Bei Privatfahrten genügt die Angabe der jeweils gefahrenen Kilometer und für Fahrten zwischen Wohnung und erster Tätigkeitsstätte genügt ein entsprechender Vermerk im Fahrtenbuch. Für bestimmte Berufsgruppen (z.B. Kundendienstmonteure, Taxifahrer, Fahrlehrer) gibt es Erleichterungen.

Die Gesamtkostenrechnung mit Abrechnung des Fahrtenbuchs kann jeweils erst zum Ende des Jahres erfolgen. Im Laufe des Jahres muss aber trotzdem ein geldwerter Vorteil versteuert werden. Dafür gibt es zwei Möglichkeiten:

- Monatlich wird ein Zwölftel des Vorjahresbetrags versteuert (R 8.1 Abs. 9 Nr. 3 Satz 2 LStR).
- Privatfahrten werden mit 0,001% des inländischen Listenpreises für das Kraftfahrzeug angesetzt (H 8.1 (9-10) LStH – Vereinfachungsregel). Das kommt in Betracht, wenn es ein neues Fahrzeug ist und es keine Vorjahreswerte gibt. Hier müssen Sie jeweils monatlich die Privatkilometer ansetzen.

In beiden Fällen sind am Jahresende eine Gesamtkostenrechnung durchzuführen und entstehende Differenzen auszugleichen.

!

Achtung

Die Gesamtkostenrechnung enthält nur Bruttobeträge. Wenn Sie die Gesamtkosten aus der Finanzbuchhaltung ermitteln, dann müssen Sie immer darauf achten, ob der Arbeitgeber jeweils einen Vorsteuerabzug auf die entsprechenden Kosten hatte. In diesem Fall sind dann dem Nettobetrag wieder 19% Umsatzsteuer hinzuzurechnen.

Zu den Gesamtkosten gehören:

- Abschreibungen oder
- Leasingraten und Leasingsonderzahlung (die Leasingsonderzahlung ist mit dem in der Gewinnermittlung des Arbeitgebers erfassten Aufwandsbetrags anzusetzen)
- Betriebskosten
- Haftpflicht- und Fahrzeugversicherung
- Kfz-Steuer
- Reparatur- und Wartungskosten
- Garagen-, Stellplatzkosten
- ggf. Unfallkosten bis 1.000 EUR (Wahlrecht)

!

Beispiel – Fahrtenbuchmethode

Der Bruttolistenpreis des Kraftfahrzeugs beträgt 62.400 EUR, die Anschaffungskosten (netto) 52.400 EUR. Der Arbeitnehmer entscheidet sich, Fahrtenbuch zu führen. Die Privatanteile werden monatlich mit jeweils 0,001% von 62.400 EUR x gefahrene Privatkilometer berücksichtigt. Der Arbeitnehmer tritt seine Fahrten vom Home-Office aus an. Er hat somit keine erste Tätigkeitsstätte.

Bezeichnung	Betrag (netto)	19% Umsatzsteuer	Gesamtaufwand
Anschaffungskosten	50.400,00 EUR		
AfA lt. Buchhaltung: 6 Jahre	8.400,00 EUR (p. a.)		
Abschreibung gem. H 8.1 (9–10) LStH – Gesamtkosten: 8 Jahre	6.300,00 EUR (p. a.)	1.197,00 EUR	7.497,00 EUR
Kfz-Versicherung	1.470,94 EUR		1.470,94 EUR
Lfd. Kfz-Kosten (Benzin)	2.213,58 EUR	420,58 EUR	2.634,16 EUR
Kfz-Reparaturen	696,38 EUR	132,31 EUR	828,69 EUR
Kfz-Steuern	462,00 EUR		462,00 EUR
Finanzierungskosten	466,60 EUR		-
Gesamtaufwand			**12.892,79 EUR**

Kilometererfassung lt. Fahrtenbuch			
Monat	**Gesamtkilometer**	**Privatkilometer**	**Davon bereits erfasst (0,001% von 62.400 EUR)**
Januar	3.093	146	91,10 EUR
Februar	623	45	28,08 EUR
März	2.263	156	97,34 EUR
April	1.803	144	89,86 EUR
Mai	1.043	88	54,91 EUR
Juni	2.480	115	71,76 EUR
Juli	1.792	602	375,65 EUR
August	890	37	23,09 EUR
September	1.198	652	406,85 EUR
Oktober	760	125	78,00 EUR
November	1.345	117	73,01 EUR
Dezember	1.485	83	51,79 EUR
Gesamt	18.775	2.310	1.441,44 EUR

Jahresabrechnung:

12.892,79 EUR x 2.310 km = 1.586,28 EUR/18.775 km

Bereits versteuert: 1.441,44 EUR

Nachträglich für das abgelaufene Kalenderjahr zu versteuern: 144,84 EUR

8.2.5 Die Nutzung im Rahmen der doppelten Haushaltführung

Häufig wird Arbeitnehmern, die am Ort ihrer ersten Tätigkeitsstätte einen zweiten Wohnsitz errichten (müssen), weil der Hauptwohnsitz in einer anderen Stadt liegt und dort beibehalten werden soll, ein Firmenwagen zur Verfügung gestellt. Die Nutzung im Rahmen der doppelten Haushaltführung ist in Anlehnung an § 9 Abs. 1 Satz 1 Nr. 5 EStG grundsätzlich für eine Familienheimfahrt pro Woche steuerfrei. Wird jedoch mehr als eine Familienheimfahrt wöchentlich durchgeführt, führt die Nutzung des Firmenwagens für diese Heimfahrt zu einem geldwerten Vorteil.

Beispiel – Nutzung Firmenwagen im Rahmen der doppelten Haushaltsführung !

Friedrich Fahrig hat seinen Wohnsitz in Dresden. Ab 1.3.2017 übernimmt er eine neue Tätigkeit in Berlin. Da er nun seine erste Tätigkeitsstätte in Berlin hat und dort die ganze Woche tätig ist, unterhält er in Berlin einen Zweitwohnsitz, den ihm sein Arbeitgeber zur Verfügung gestellt hat.

- Die Entfernung zwischen Zweitwohnsitz und Arbeitgeber beträgt 3 Kilometer.
- Die Entfernung zwischen Hauptwohnsitz und Zweitwohnsitz beträgt 220 Kilometer.

Er erhält einen Firmenwagen mit einem Listenpreis von 82.500 Euro, den er für sämtliche privaten Fahrten nutzen darf. Er fährt damit zur Arbeit und einmal pro Woche nach Dresden in seine Wohnung. Für eine Familienfeier fährt er außerdem am 22.6. abends nach Dresden und am 23.6. abends wieder zurück.

Lösung:
Der geldwerte Vorteil für Juni beträgt:

1% von 82.500 EUR =	825,00 EUR
0,03% von 82.500 EUR x 3km =	74,25 EUR
0,002% von 82.500 EUR x 220km =	363,00 EUR
Geldwerter Vorteil gesamt:	1.262,25 EUR

8.3 Jobtickets, Zuschüsse, Gutscheine für Fahrten zur Arbeit

Viele Arbeitnehmer fahren mit öffentlichen Verkehrsmitteln zur Arbeit. Hier gibt es verschiedene Möglichkeiten für den Arbeitgeber, sich an den Kosten zu beteiligen und das Ganze auch noch steueroptimal zu gestalten.

- Der Arbeitgeber kann dem Arbeitnehmer, der sich seine Fahrkarte selbst gekauft hat, einen Barzuschuss gewähren.
- Der Arbeitgeber kann dem Arbeitnehmer einen Gutschein zum Erwerb einer Monatsfahrkarte übergeben.

- Der Arbeitgeber kann selbst ein Abonnement mit dem Nahverkehrsunternehmen abschließen und dem Arbeitnehmer die Fahrkarte kostenlos oder verbilligt überlassen (sog. »Jobticket«).

8.3.1 Jobtickets

Erhält der Arbeitnehmer eine unentgeltliche oder verbilligte Fahrkarte für Fahrten zwischen Wohnung und erster Tätigkeitsstätte, die der Arbeitgeber durch ein Abonnement beim örtlichen Nahverkehrsunternehmen erworben hat, so spricht man von einem Jobticket.

Wenn der Arbeitgeber das Jobticket zu einem ermäßigten Preis von einem Nahverkehrsunternehmen erworben hat, stellt sich die Frage, ob dadurch für den Arbeitnehmer ein geldwerter Vorteil entsteht.

1. Sofern der Arbeitgeber das Ticket zu dem ermäßigten Preis an den Arbeitnehmer weiterverkauft, also den Rabatt an den Arbeitnehmer weitergibt, entsteht kein geldwerter Vorteil.

!

Beispiel 1 – Jobticket

Der Arbeitgeber erhält für den Erwerb von 100 Monatskarten zu einem Normalpreis von 78 Euro einen Rabatt von 10% vom Nahverkehrsunternehmen. Er gibt die Karten an die Arbeitnehmer weiter und zieht ihnen den ermäßigten Preis in Höhe von 70,20 Euro vom Nettolohn ab. Es entsteht kein geldwerter Vorteil.

2. Gibt der Arbeitgeber die Tickets kostenlos weiter, so entsteht ein geldwerter Vorteil, der grundsätzlich steuer- und beitragspflichtig ist.

Beispiel 2 – Jobticket !

Der Arbeitgeber erhält für den Erwerb von 100 Monatskarten zu einem Normalpreis von 78 Euro einen Rabatt von 10% vom Nahverkehrsunternehmen. Er gibt die Karten an die Arbeitnehmer kostenlos weiter.

Ermittlung des geldwerten Vorteils

Endverbraucherpreis:	78,00 EUR
10% Firmenrabatt:	7,80 EUR
	70,20 EUR
davon 96% gem. R 8.1 (2) Satz 3 LStR	**67,39 EUR**

Nachfolgend finden Sie ein Abrechnungsbeispiel zum Sachbezug Jobticket:

Beispiel 3 – Jobticket – Abrechnung !

Der Arbeitnehmer Boris Bahnfahrer erhält von seinem Arbeitgeber zusätzlich zu seinem Gehalt ein Jobticket zur Verfügung gestellt. Das Jobticket kostet monatlich 78 Euro. Der Arbeitgeber erhält einen Rabatt des Verkehrsunternehmens von 10%.
Gehalt: 2.850,00 Euro
Steuerklasse: I / kein Kinderfreibetrag / 9% KiSt (ein Kind)
Krankenkasse: DAK (1,5% ZB)

Arbeitgeber: CHAOS Computer GmbH			
Arbeitnehmer: Boris Bahnfahrer			
Zeitraum: 1.1. – 31.1.2017			
Bruttolohn	Stpfl.	steuerfrei	Gesamtbrutto
Gehalt	2.850,00 EUR		2.850,00 EUR
Sachbezug Jobticket	**67,39 EUR**		**67,39 EUR**
Gesamtbrutto	2.917,39 EUR		2.917,39 EUR
Steuer- und SV-Brutto	2.917,39 EUR		
Lohnsteuer	-416,66 EUR		
Solidaritätszuschlag	-22,91 EUR		
Kirchensteuer	-37,49 EUR		
Steuerrechtliche Abzüge			-477,06 EUR
KV (7,3% + 1,5% ZB)	-256,73 EUR		
RV (9,35%)	-272,78 EUR		
AV (1,5%)	-43,76 EUR		
PV (1,275%)	-37,20 EUR		
SV-rechtliche Abzüge			-610,47 EUR
Gesetzliches Netto			1.829,86 EUR
Verrechneter Sachbezug			-67,39 EUR
Eigenanteil Sachbezug			-256,00 EUR
Auszahlbetrag			1.762,47 EUR

Arbeitgeberanteil (von 2,917,39 EUR):	
KV (7,3%)	212,97 EUR
RV (9,35%)	272,78 EUR
AV (1,5%)	43,76 EUR
PV (1,275%)	36,34 EUR
Umlage 1 (2,0%)	58,35 EUR
Umlage 2 (0,38%)	11,09 EUR
Insolvenzgeldumlage (0,09%)	2,63 EUR
Gesamtaufwand Arbeitgeber	638,78 EUR

Der Arbeitnehmer kann die Aufwendungen für Fahrten zwischen Wohnung und erster Tätigkeitsstätte in diesem Fall als Werbungskosten geltend machen. Das nützt ihm jedoch nichts, wenn seine Werbungskosten maximal 1.000 Euro betragen. Daher ist diese Abrechnung grundsätzlich richtig, aber besser wäre es, wie in dem folgenden Beispiel zu verfahren:

Beispiel 4 – Jobticket !

Gibt der Arbeitgeber die Tickets kostenlos weiter, kann der dadurch entstehende geldwerte Vorteil gem. §40 Abs. 2 Satz 2 EStG pauschal mit 15% pauschaler Lohnsteuer zzgl. 5,5% SolZ und ggf. KiSt versteuert werden. Der so versteuerte geldwerte Vorteil ist SV-frei gem. §1 Abs. 1 Satz 1 Nr. 3 SvEV.

Arbeitgeber: CHAOS Computer GmbH			
Arbeitnehmer: Boris Bahnfahrer			
Zeitraum: 1.1. – 31.1.2017			
Bruttolohn	Stpfl.	pauschal	Gesamtbrutto
Gehalt	2.850,00 EUR		2.850,00 EUR
Sachbezug Jobticket	**67,39 EUR**		**67,39 EUR**
Sachbezug pauschal versteuert	**-67,39 EUR**	**67,39 EUR**	
Gesamtbrutto	2.850,00 EUR	67,39 EUR	2.917,39 EUR
Steuer- und SV-Brutto	2.850,00 EUR		
Lohnsteuer	-391,33 EUR		
Solidaritätszuschlag	-21,52 EUR		
Kirchensteuer	-35,21 EUR		
Steuerrechtliche Abzüge			-448,06 EUR
KV (7,3% + 1,5% ZB)	-250,80 EUR		
RV (9,35%)	-266,48 EUR		
AV (1,5%)	-42,75 EUR		
PV (1,275%)	-36,34 EUR		
SV-rechtliche Abzüge			-596,37 EUR
Gesetzliches Netto			1.872,96 EUR
Verrechneter Sachbezug			-67,39 EUR
Auszahlbetrag			1.589,62 EUR

Arbeitgeberanteil (von 2.850 EUR):	
KV (7,3%)	208,05 EUR
RV (9,35%)	266,48 EUR
AV (1,5%)	42,75 EUR
PV (1,275%)	36,34 EUR
Umlage 1 (2,0%)	57,00 EUR
Umlage 2 (0,38%)	10,83 EUR
Insolvenzgeldumlage (0,09%)	2,57 EUR
Gesamtaufwand Arbeitgeber	624,02 EUR

Pauschalsteuer	
15% pauschale Lohnsteuer	10,11 EUR
5,5% SolZ	0,55 EUR
9% KiSt	0,90 EUR
Gesamtaufwand Arbeitgeber	11,54 EUR

Diese Variante ist die günstigste für den Arbeitnehmer. Er erhält die Fahrkarte kostenlos, der Arbeitgeber trägt neben den Kosten für das Ticket die Pauschalsteuer.

Im nächsten Beispiel finden Sie eine zweite günstige Variante:

!

Beispiel 5 – Jobticket

Der Angestellte Boris Bahnfahrer erhält von seinem Arbeitgeber zusätzlich zu seinem Gehalt ein Jobticket zur Verfügung gestellt. Das Jobticket kostet monatlich 78 Euro. Der Arbeitgeber erhält einen Rabatt des Verkehrsunternehmens von 10%. Der Arbeitgeber möchte die Freigrenze für geringfügige Sachbezüge in Höhe von 44 Euro monatlich gem. §8 Abs. 2 Satz 11 EStG ausnutzen. Der Arbeitnehmer muss in diesem Fall eine Zuzahlung bis zum Betrag von 44 Euro leisten. Damit entfällt die Pauschalversteuerung.

Gehalt:	2.850,00 Euro
Steuerklasse:	IV / kein Kinderfreibetrag / 9% KiSt (1 Kind)
Krankenkasse:	DAK (1,5% Zusatzbeitrag)

Bewertung des Jobtickets:	Endverbraucherpreis:	78,00 EUR
	10% Firmenrabatt:	-7,80 EUR
	Ermäßigter Preis:	70,20 EUR
Davon 96% gem. R 8.1 Abs. 2	Satz 3 LStR	67,39 EUR
	Zuzahlung des Arbeitnehmers:	-23,39 EUR
	Steuerfreier Sachbezug:	44,00 EUR

Arbeitgeber: CHAOS Computer GmbH			
Arbeitnehmer: Boris Bahnfahrer			
Zeitraum: 1.1. – 31.1.2017			
Bruttolohn	Stpfl.	steuerfrei	Gesamtbrutto
Gehalt	2.850,00 EUR		2.850,00 EUR
Sachbezug Jobticket	**67,39 EUR**		**67,39 EUR**
Davon steuerfrei	**-44,00 EUR**	**+ 44,00 EUR**	
Eigenanteil Jobticket	**-23,39 EUR**		**-23,39 EUR**
Brutto	2.850,00 EUR	44,00 EUR	2,894,00 EUR
Steuer- und SV-Brutto	2.850,00 EUR		
Lohnsteuer	-391,33 EUR		
Solidaritätszuschlag	-21,52 EUR		
Kirchensteuer	-35,21 EUR		
Steuerrechtliche Abzüge			-448,06 EUR
KV (7,3% + 1,5% ZB)	-250,80 EUR		
RV (9,35%)	-266,48 EUR		
AV (1,5%)	-42,75 EUR		
PV (1,275%)	-36,34 EUR		
SV-rechtliche Abzüge			-596,37 EUR
Gesetzliches Netto			1,849,57 EUR
Verrechneter Sachbezug			-44,00 EUR
Eigenanteil Sachbezug			-23,39 EUR
Auszahlbetrag			1.782,18 EUR

Arbeitgeberanteil (von 2.850 EUR):	
KV (7,3%)	208,05 EUR
RV (9,35%)	266,48 EUR
AV (1,5%)	42,75 EUR
PV (1,275%)	36,34 EUR
Umlage 1 (2,0%)	57,00 EUR
Umlage 2 (0,38%)	10,83 EUR
Insolvenzgeldumlage (0,09%)	2,57 EUR
Gesamtaufwand Arbeitgeber	624,02 EUR

Diese Variante ist immer noch günstig für den Arbeitnehmer. Er erhält die Fahrkarte, für die er normalerweise 78,00 Euro bezahlen müsste, für 23,39 Euro. Der Arbeitgeber spart die Pauschalsteuer.

! **Wichtig**

Der Arbeitgeber muss unbedingt darauf achten, dass er in dem Monat, in dem das Ticket ggf. teurer wird, den Zuzahlungsbetrag erhöht. Die 44-Euro-Grenze ist eine monatliche Freigrenze, die bei Überschreiten zur vollen Steuer- und Beitragspflicht führt.

8.3.2 Barzuschüsse zu Aufwendungen des Arbeitnehmers

Der Arbeitgeber kann dem Arbeitnehmer einen Zuschuss für Fahrten zwischen Wohnung und erster Tätigkeitsstätte gewähren,

- indem er dem Arbeitnehmer die von diesem selbst gekaufte Monatskarte voll oder teilweise bezahlt oder
- indem er dem Arbeitnehmer einen Zuschuss in Höhe des Betrags, den dieser als Werbungskosten geltend machen könnte (0,30 Euro pro Entfernungskilometer pro Arbeitstag), erstattet.

! **Beispiel 6 – Jobticket**

Der Arbeitnehmer Boris Bahnfahrer kauft sich seine Monatskarte für 78 Euro selbst. Der Arbeitgeber erstattet ihm den Preis von 78 Euro als Zuschuss.

Arbeitgeber: CHAOS Computer GmbH			
Arbeitnehmer: Boris Bahnfahrer			
Zeitraum: 1.1. – 31.1.2017			
Bruttolohn	Stpfl.	pauschal	Gesamtbrutto
Gehalt	2.850,00 EUR		2.850,00 EUR
Zuschuss Monatskarte pauschal versteuert		**78,00 EUR**	**78,00 EUR**
Gesamtbrutto	2.850,00 EUR	78,00 EUR	2.928,00 EUR
Steuer- und SV-Brutto	2.850,00 EUR		
Lohnsteuer	-391,33 EUR		
Solidaritätszuschlag	-21,52 EUR		
Kirchensteuer	-35,21 EUR		
Steuerrechtliche Abzüge			-448,06 EUR
KV (7,3% + 1,5% ZB)	-250,80 EUR		
RV (9,35%)	-266,48 EUR		
AV (1,5%)	-42,75 EUR		
PV (1,275%)	-36,34 EUR		
SV-rechtliche Abzüge			-596,37 EUR
Gesetzliches Netto			1.883,57 EUR
Auszahlbetrag			1.883,57 EUR

Arbeitgeberanteil (von 2.850 EUR):	
KV (7,3%)	208,05 EUR
RV (9,35%)	266,48 EUR
AV (1,5%)	42,75 EUR
PV (1,275%)	36,34 EUR
Umlage 1 (2,0%)	57,00 EUR

Arbeitgeberanteil (von 2.850 EUR):	
Umlage 2 (0,38%)	10,83 EUR
Insolvenzgeldumlage (0,09%)	2,57 EUR
Gesamtaufwand Arbeitgeber	624,02 EUR

Pauschalsteuer von 78 EUR	
15% pauschale Lohnsteuer	11,70 EUR
5,5% SolZ von 11,70 EUR	0,64 EUR
9% KiSt von 11,70 EUR	1,05 EUR
Gesamtaufwand Arbeitgeber	13,39 EUR

8.3.3 Gutscheine des Arbeitgebers zum Erwerb einer Monatsfahrkarte

Bei der Überlassung eines Jobtickets oder eines Gutscheins handelt es sich um einen Sachbezug. Leistet der Arbeitgeber eine zweckgebundene Geldzuwendung zum Erwerb einer Monatskarte an den Arbeitnehmer, so handelt es sich um einen Sachbezug mit der Folge, dass auch hier die 44-Euro-Freigrenze anwendbar ist. Der Gutschein darf nur für den Erwerb einer Monatskarte verwendet werden, damit liegt kein Barbezug vor.

!

Tipp: Gutschein zum Erwerb einer Monatsfahrkarte

Ein solcher Gutschein könnte folgendermaßen gestaltet werden:

»Herr Boris Bahnfahrer/Frau Beate Bahnfahrerin (Arbeitnehmer) erhält von der CHAOS Computer GmbH (Arbeitgeber) monatlich einen Gutschein in Höhe von 44 Euro zum Erwerb einer Monatsfahrkarte. Die Zahlung in Höhe von 44 Euro ist verbunden mit der Auflage, diesen Betrag nachweislich für den Erwerb einer Monatsfahrkarte zu verwenden. Eine alternative Auszahlung von Barlohn ist ausgeschlossen.

Ort, Datum Unterschrift/Firmenstempel«

!

Beispiel 7 – Jobticket

Der Arbeitnehmer Boris Bahnfahrer kauft sich seine Monatskarte für 78 Euro selbst. Der Arbeitgeber hat ihm zuvor einen (formlosen) Gutschein über 44 Euro monatlich für den Erwerb einer Monatskarte ausgestellt. Der Arbeitnehmer darf die 44 Euro nur dafür ausgeben.

Arbeitgeber: CHAOS Computer GmbH			
Arbeitnehmer: Boris Bahnfahrer			
Zeitraum: 1.1. – 31.1.2017			
Bruttolohn	Stpfl.	steuerfrei	Gesamtbrutto
Gehalt	2.850,00 EUR		2.850,00 EUR
Gutschein Monatskarte steuerfrei		**44,00 EUR**	**44,00 EUR**
Gesamtbrutto	**2.850,00 EUR**	**44,00 EUR**	**2.894,00 EUR**
Steuer- und SV-Brutto	2.850,00 EUR		
Lohnsteuer	-391,33 EUR		
Solidaritätszuschlag	-21,52 EUR		
Kirchensteuer	-35,21 EUR		
Steuerrechtliche Abzüge			-448,06 EUR
KV (7,3% + 1,5% ZB)	-250,80 EUR		
RV (9,35%)	-266,48 EUR		
AV (1,5%)	-42,75 EUR		
PV (1,275%)	-36,34 EUR		
SV-rechtliche Abzüge			-596,37 EUR
Gesetzliches Netto			1.849,57 EUR
Auszahlbetrag			1.849,57 EUR

Arbeitgeberanteil (von 2.850 EUR):	
KV (7,3%)	208,05 EUR
RV (9,35%)	266,48 EUR
AV (1,5%)	42,75 EUR
PV (1,275%)	36,34 EUR
Umlage 1 (2,0%)	57,00 EUR
Umlage 2 (0,38%)	10,83 EUR
Insolvenzgeldumlage (0,09%)	2,57 EUR
Gesamtaufwand Arbeitgeber	624,02 EUR

8.4 Wohnungsüberlassung und Unterkunft

Der geldwerte Vorteil aus der unentgeltlichen oder verbilligten Überlassung von Wohnräumen gehört als Sachbezug zum steuerpflichtigen Arbeitslohn bzw. beitragspflichtigen Arbeitsentgelt. Es ist gleichgültig, ob dem Arbeitgeber die Wohnung gehört oder er sie angemietet hat. Bei Arbeitgebern, deren Unternehmenszweck die Vermietung von Wohnungen darstellt, gelten besondere Bewertungsvorschriften (siehe Kapitel 8.8).

Es ist wegen der unterschiedlichen Bewertung immer zwischen einer Wohnung und einer Unterkunft zu unterscheiden: Eine Wohnung ist eine in sich geschlossene Einheit von Räumen, in denen ein selbstständiger Haushalt geführt werden kann. Wesentlich ist, dass eine Wasserversorgung und -entsorgung, zumindest eine einer Küche vergleichbare Kochgelegenheit sowie eine Toilette vorhanden sind. So stellt z. B. ein Einzimmerappartement mit Küchenzeile und WC als Nebenraum eine Wohnung dar, hingegen ist ein Wohnraum bei Mitbenutzung von Bad, Toilette und Küche eine Unterkunft (siehe R 8.1 Abs. 6 Satz 3 und 4 LStR). Eine Unterkunft liegt auch vor, wenn ein Arbeitgeber mehreren Arbeitnehmern eine Wohnung zur gemeinsamen Nutzung überlässt.

Wichtig !

Bei der Überlassung einer Wohnung oder Unterkunft im Rahmen der doppelten Haushaltführung bzw. einer Auswärtstätigkeit gelten besondere Regeln. Diese Erstattungen sind steuerfrei, sofern sie die als Werbungskosten abziehbaren Aufwendungen des Arbeitnehmers (§9 EStG) nicht übersteigen.

Die Bewertung des geldwerten Vorteils erfolgt grundsätzlich mit dem ortsüblichen Mietpreis. In Ausnahmefällen kann ein niedrigerer Wert zum Ansatz kommen. Für die Bewertung einer Unterkunft gelten die amtlichen Sachbezugswerte (siehe Kapitel 8.5).

Kann im Einzelfall der ortsübliche Mietpreis nur unter außergewöhnlichen Schwierigkeiten ermittelt werden, sind für 2017 folgende feste Quadratmeterpreise anzusetzen:

- in den alten Bundesländern: 3,92 EUR/m^2
- In den neuen Bundesländern: 3,20 EUR/m^2

Beispiel 1 – Überlassung von Wohnraum !

Dem Angestellten Willi Wohnungslos wird bei seinem Neueintritt in die CHAOS Computer GmbH zum 1. Juli 2017 von seinem Arbeitgeber eine Wohnung kostenlos überlassen. Die ortsübliche Kaltmiete beträgt 300 Euro, Betriebskosten werden direkt mit dem Arbeitnehmer abgerechnet.
Gehalt: 2.850,00 Euro
Steuerklasse: I / kein Kinderfreibetrag / keine Konfession (kinderlos)
Krankenkasse: Techniker KK (1,0% ZB)

Arbeitgeber: CHAOS Computer GmbH			
Arbeitnehmer: Willi Wohnungslos			
Zeitraum: 1.1. – 31.1.2017			
Bruttolohn	Stpfl.	pauschal	Gesamtbrutto
Gehalt	2.850,00 EUR		2.850,00 EUR
Sachbezug Wohnungsüberlassung	**300,00 EUR**		**300,00 EUR**
Gesamtbrutto	3.150,00 EUR		3.150,00 EUR
Steuer- und SV-Brutto	3.150,00 EUR		
Lohnsteuer	-471,50 EUR		
Solidaritätszuschlag	-25,93 EUR		
Kirchensteuer	-0,00 EUR		
Steuerrechtliche Abzüge			-497,43 EUR
KV (7,3% + 1,0% ZB)	-261,45 EUR		
RV (9,35%)	-294,53 EUR		
AV (1,5%)	-47,25 EUR		
PV (1,525%)	-48,04 EUR		
SV-rechtliche Abzüge			-651,27 EUR
Gesetzliches Netto			2.001,30 EUR
Verrechneter Sachbezug			**-300,00 EUR**
Auszahlbetrag			1.701,30 EUR

Arbeitgeberanteil (von 3.150 EUR):	
KV (7,3%)	229,95 EUR
RV (9,35%)	294,53 EUR
AV (1,5%)	47,25 EUR
PV (1,275%)	40,16 EUR
Umlage 1 (1,9%)	59,85 EUR
Umlage 2 (0,49%)	15,44 EUR
Insolvenzgeldumlage (0,09%)	2,84 EUR
Gesamtaufwand Arbeitgeber	690,02 EUR

Beispiel 2 – Überlassung von Wohnraum (Abwandlung von Beispiel 1) !

Dem Angestellten Willi Wohnungslos wird bei seinem Neueintritt in die CHAOS Computer GmbH zum 1. Juli 2017 von seinem Arbeitgeber eine Wohnung verbilligt überlassen. Die ortsübliche Kaltmiete beträgt 300 Euro, Betriebskosten werden direkt mit dem Arbeitnehmer abgerechnet. Der vom Arbeitnehmer zu entrichtende Mietpreis beträgt 256 Euro. Die Freigrenze für geringfügige Sachbezüge in Höhe von 44 Euro gem. §8 Abs. 2 Satz 11 EStG ist anwendbar.

Gehalt: 2.850,00 Euro
Steuerklasse: I / kein Kinderfreibetrag / keine Konfession (kinderlos)
Krankenkasse: Techniker KK (1,0% ZB)

Arbeitgeber: CHAOS Computer GmbH			
Arbeitnehmer: Willi Wohnungslos			
Zeitraum: 1.1. – 31.1.2017			
Bruttolohn	Stpfl.	steuerfrei	Gesamtbrutto
Gehalt	2.850,00 EUR		2.850,00 EUR
Sachbezug Wohnungsüberlassung	**300,00 EUR**		**300,00 EUR**
Eigenanteil Sachbezug	**-256,00 EUR**		**-256,00 EUR**
Sachbezug steuerfrei	**-44,00 EUR**	**44,00 EUR**	
Gesamtbrutto	2.850,00 EUR	44,00 EUR	2.894,00 EUR
Steuer- und SV-Brutto	2.850,00 EUR		
Lohnsteuer	-393,50 EUR		
Solidaritätszuschlag	-21,64 EUR		
Kirchensteuer	-0,00 EUR		
Steuerrechtliche Abzüge			-415,14 EUR
KV (7,3 % + 1,0 % ZB)	-236,55 EUR		
RV (9,35 %)	-266,48 EUR		
AV (1,5 %)	-42,75 EUR		
PV (1,525 %)	-43,46 EUR		
SV-rechtliche Abzüge			-589,24 EUR
Gesetzliches Netto			1.889,62 EUR
Verrechneter Sachbezug			**-44,00 EUR**
Eigenanteil Sachbezug			**-256,00 EUR**
Auszahlbetrag			1.589,62 EUR

Arbeitgeberanteil (von 2.850 EUR):	
KV (7,3%)	208,05 EUR
RV (9,35%)	266,48 EUR
AV (1,5%)	42,75 EUR
PV (1,275%)	36,34 EUR
Umlage 1 (1,9%)	54,15 EUR
Umlage 2 (0,49%)	13,97 EUR
Insolvenzgeldumlage (0,09%)	2,57 EUR
Gesamtaufwand Arbeitgeber	624,31 EUR

Die Überlassung einer Wohnung gehört ebenfalls zu den durch den Rabattfreibetrag begünstigten Dienstleistungen. Die kostenlose oder verbilligte Überlassung einer Wohnung kann daher auch unter Anwendung des Rabattfreibetrags in Höhe von 1.080 Euro gem. §8 Abs. 3 EStG erfolgen, wenn der Arbeitgeber selbst Wohnungen vermietet. Ein entsprechendes Abrechnungsbeispiel finden Sie im Kapitel 8.8.

8.5 Unterkunft und Verpflegung

Die Gewährung freier Unterkunft und Verpflegung durch den Arbeitgeber an den Arbeitnehmer stellt einen steuerpflichtigen und beitragspflichtigen geldwerten Vorteil dar. In der Sozialversicherungsentgeltverordnung (SvEV) werden besondere amtliche Sachbezugswerte veröffentlicht, welche angesetzt werden müssen, unabhängig davon, was Unterkunft und Verpflegung den Arbeitgeber tatsächlich kosten. Werden die Sachbezüge verbilligt zur Verfügung gestellt, ist der Unterschiedsbetrag zu den amtlichen Sachbezugswerten anzusetzen.

!

Wichtig

Im Rahmen der doppelten Haushaltführung bzw. einer Auswärtstätigkeit gelten neben der Überlassung der Unterkunft auch bei der Gewährung von Mahlzeiten aus Anlass der beruflichen Auswärtstätigkeit besondere Regeln.

Die Sachbezugswerte für freie Verpflegung betragen:

2017/2018	Frühstück	Mittagessen	Abendessen	Gesamt
Monatlich	51/52 EUR	95/97 EUR	95/97 EUR	241/246 EUR
Täglich	1,70/1,73 EUR	3,17/3,23 EUR	3,17/3,23 EUR	8,04/8,20 EUR

Die Sachbezugswerte für freie Unterkunft betragen:

2017/2018	Unterkunft allgemein	Bei Aufnahme in den Arbeitgeberhaushalt bzw. Gemeinschaftsunterkunft
Monatlich	223/226 EUR	189,55/192,10 EUR
Täglich	7,43/7,53 EUR	6,32/6,40 EUR

ARBEITS-HILFE ONLINE

Arbeitshilfen online

Die vollständigen Tabellen für 2017 und 2018 finden Sie auf Arbeitshilfen online.

Werden die Sachbezüge für einen kürzeren Zeitraum als einen Monat zur Verfügung gestellt, ist für jeden Tag ein Dreißigstel anzusetzen. Fährt der Arbeitnehmer aber an den Wochenenden nach Hause, ist der Wert der Unterkunft nicht zu kürzen, wenn die ständige Möglichkeit zur Nutzung besteht.

8.6 Kantinenmahlzeiten

Die arbeitstägliche Abgabe von Mahlzeiten, sei es durch den Arbeitgeber selbst (z.B. in einer Betriebskantine) oder durch einen Dritten (z.B. eine Gaststätte oder sonstige Einrichtung) kann je nach der Höhe der Aufzahlung des Arbeitnehmers, die er für die Mahlzeit zu leisten hat, zu einem steuerpflichtigen geldwerten Vorteil führen. Maßgebend ist auch hier die Sozialversicherungsentgeltverordnung (SvEV).

Auch hier sind die Sachbezugswerte für freie Verpflegung anzuwenden (siehe Kapitel 8.5).

Erhalten Arbeitnehmer verbilligt unterschiedliche Mahlzeiten zu unterschiedlichen Preisen, kann die Aufzahlung des Arbeitnehmers mit dem Durchschnittswert angesetzt werden. Zu den Mahlzeiten gehören auch übliche Getränke. Die hierfür entrichteten Entgelte können daher in die Durchschnittsberechnung einbezogen werden.

Wie sind die Vorteile aus der arbeitstäglichen Essenabgabe zu versteuern?
Falls die Aufzahlung des Arbeitnehmers für die arbeitstägliche Mahlzeit den Sachbezugswert von 3,17 Euro für 2017 bzw. 3,23 Euro für 2018 unterschreitet, entsteht ein steuerpflichtiger geldwerter Vorteil. Wenn der Arbeitgeber den Durchschnittswert ansetzt, muss die Versteuerung pauschal gem. §40 Abs. 2 Satz 1 Nr. 1 EStG mit 25% pauschaler Lohnsteuer zzgl. Solidaritätszuschlag und Kirchensteuer erfolgen. In diesem Fall unterliegt die Zuwendung nicht der Beitragspflicht in der Sozialversicherung gem. §1 Abs. 1 Satz 1 Nr. 3 SvEV.

Beispiel !

In der Betriebskantine werden verschiedene Essen zu unterschiedlichen Preisen angeboten. Die individuellen Eigenzahlungen der Arbeitnehmer werden nicht einzeln nachprüfbar erfasst.
Für März 2017 legt die Kantine (Land Berlin) folgende Zahlen vor:

	Einzelpreis	Verkaufte Portionen	Gesamt
Menü 1	2,10 EUR	400	840,00 EUR
Menü 2	2,50 EUR	600	1.500, 00 EUR
Menü 3	3,80 EUR	150	570,00 EUR
Menü 4	2,80 EUR	350	980,00 EUR
Salatteller	1,80 EUR	800	1.440,00 EUR
Getränke			650,00 EUR
Gesamt		2.300	5980,00 EUR

5.980 EUR : 2.300 Portionen =	2,60 EUR Portion
Sachbezugswert:	3,17 EUR
Geldwerter Vorteil pro Portion:	0,57 EUR
0,57 EUR x 2.300 Portionen =	1.311,00 EUR (geldwerter Vorteil gesamt)
Versteuerung gem. §40 Abs. 2 Satz 1 Nr. 1 EStG:	
25% pauschale Lohnsteuer von 1.311,00 EUR =	327,75 EUR
Zzgl. 5,5% SolZ von 327,75 EUR =	18,02 EUR
Zzgl. 5% KiSt im vereinfachten Verfahren =	16,38 EUR
Gesamtbelastung des Arbeitgebers:	362,15 EUR

8.7 Essenmarken

Bei der Ausgabe von Essenmarken oder Restaurantschecks, die vom Arbeitgeber an die Arbeitnehmer verteilt werden und arbeitstäglich in einer Gaststätte oder vergleichbaren Annahmestelle in Zahlung genommen werden, oder auch bei der Verwendung einer Essenmarken-App kann ebenfalls ein geldwerter Vorteil entstehen.

Die Essenmarken sind entweder mit ihrem Verrechnungswert oder mit dem amtlichen Sachbezugswert zu bewerten. Auch hier sind die Sachbezugswerte für freie Verpflegung zu beachten (siehe Kapitel 8.5).

Die Bewertung mit dem amtlichen Sachbezugswert ist von folgenden Kriterien abhängig (siehe §7 Nr. 4 LStR):

a) Es muss tatsächlich eine Mahlzeit abgegeben werden.
b) Es darf nur eine Essenmarke pro Mahlzeit in Zahlung genommen werden.
c) Der Verrechnungswert der Essenmarke übersteigt den amtlichen Sachbezugswert um nicht mehr als 3,10 Euro.
d) Essenmarken werden nicht an Arbeitnehmer ausgegeben, die eine Auswärtstätigkeit ausüben.

Essenmarken können arbeitstäglich (nach tatsächlichen Anwesenheitstagen) oder pauschal für 15 Tage im Monat verteilt werden.

Wichtig !

Der Verrechnungswert einer Essenmarke darf im Jahr 2017 daher maximal 6,27 Euro betragen (2018: maximal 6,33 Euro), damit die Marke mit dem amtlichen Sachbezugswert bewertet werden kann. Die Differenz von 3,10 Euro bleibt außer Ansatz.

Die Versteuerung kann individuell durch Zurechnung des im Lohnzahlungszeitraum gewährten Vorteils beim einzelnen Arbeitnehmer im Wege des Lohnsteuerabzugs erfolgen. In diesem Falle ist die Zuwendung auch sozialversicherungspflichtig.

Die Versteuerung kann auch pauschal nach §40 Abs. 2 Satz 1 Nr. 1 EStG mit dem Steuersatz von 25% erfolgen. Dann ist die Zuwendung gem. §1 Abs. 1 Satz 1 Nr. 3 SvEV nicht beitragspflichtig.

Beispiel 1 – Essenmarken !

Der Arbeitnehmer bekommt von seinem Arbeitgeber für den Monat April 2017 neben seinem Arbeitslohn 15 Essenmarken. Der Verrechnungswert einer Essenmarke beträgt 6,27 Euro.
Bewertung: Die Essenmarke kann mit dem Sachbezugswert in Höhe von 3,17 Euro bewertet werden.

- **Variante 1:** Der Arbeitnehmer erhält die Essenmarken kostenlos.
  Lösung: Der Arbeitgeber versteuert den Wert von 47,55 Euro (15 Marken x 3,17 Euro). Die Versteuerung kann individuell oder pauschal erfolgen.
- **Variante 2:** Der Arbeitnehmer erhält die Essenmarken gegen eine Zuzahlung von monatlich 47,55 Euro (15 Marken x 3,17 Euro).
  Lösung: Es ist kein geldwerter Vorteil zu versteuern.
- **Variante 3:** Der Arbeitnehmer erhält die Essenmarken gegen eine Zuzahlung von monatlich 30,00 Euro (15 Marken x 2,00 Euro).
  Lösung: Es ist ein geldwerter Vorteil von 17,55 Euro (15 Marken x 1,17 Euro) zu versteuern.

! **Beispiel 2 – Essenmarken**

Der Arbeitnehmer bekommt von seinem Arbeitgeber für den Monat April 2017 neben seinem Arbeitslohn 15 Essenmarken. Der Verrechnungswert einer Essenmarke beträgt 6,30 Euro.

- Bewertung: Die Essenmarke kann nicht mit dem Sachbezugswert in Höhe von 3,17 Euro bewertet werden, sondern es muss der tatsächliche Verrechnungswert in Höhe von 6,30 Euro angesetzt werden.
- Versteuerung: Die Versteuerung kann nur individuell erfolgen.
- Lösung: Im Monat April müssen 94,50 Euro (15 Marken x 6,30 Euro) versteuert und verbeitragt werden.

Dies ist natürlich nur ein theoretisches Beispiel. In der Praxis werden die Arbeitgeber und auch die Essenmarkenanbieter darauf achten, dass der Verrechnungswert maximal 6,27 Euro (für 2017) pro Marke beträgt.

Die Übergabe von Essenmarken kann auch im Rahmen einer für die Zukunft wirksam vereinbarten Barlohnumwandlung erfolgen.

! **Beispiel 3 – Essenmarken**

Der Arbeitnehmer erwirbt für einen Monat 15 Restaurantschecks im Wert von jeweils 6,27 EUR = 94,05 EUR. Davon werden 15 x 3,10 EUR = 46,50 EUR als Barlohnumwandlung behandelt. Dies führt zu einer Minderung des steuerpflichtigen Bruttoarbeitslohns und des beitragspflichtigen Bruttoarbeitsentgelts. Die restlichen 47,55 EUR (15 x 3,17 EUR) werden dem Arbeitnehmer vom Nettolohn einbehalten. In diesem Fall hat der Arbeitnehmer die Essenmarken komplett selbst finanziert.

Der Austausch von Barlohn in Essenmarken muss ausdrücklich durch eine Änderung des Arbeitsvertrags vereinbart werden; es darf kein Wahlrecht zwischen Barlohn und Sachbezug bestehen.

8.8 Mitarbeiterrabatte

Die unentgeltliche oder verbilligte Überlassung von Waren oder Dienstleistungen durch den Arbeitgeber an den Arbeitnehmer gehört als Sachbezug zum Arbeitslohn, wenn die Verbilligung auf dem Arbeitsverhältnis beruht. Übliche Personal- oder Belegschaftsrabatte sind gem. §8 Abs. 3 EstG steuerpflichtig, soweit der Rabattfreibetrag von 1.080 Euro jährlich überschritten wird. Der Rabattfreibetrag wird jedoch nur für Waren und Dienstleistungen gewährt, mit denen der Arbeitgeber Handel betreibt.

Beispiel – Mitarbeiterrabatt !

Die Arbeitnehmerin Rita Redlich erwirbt im Juli 2017 von ihrem Arbeitgeber, dem Küchenhersteller »Küchen Company« (über 30 Vollzeitbeschäftigte), eine Küche für 15.000 Euro, welche im Einzelhandel für 18.000 Euro verkauft wird. Der Küchenhersteller ermittelt den maßgeblichen Letztverbraucherpreis anhand der Preisauszeichnung seines nächstansässigen Abnehmers.
Gehalt: 2.850,00 Euro
Steuerklasse: IV / kein Kinderfreibetrag / keine Konfession (kinderlos)
Krankenkasse: Techniker KK (1,0% ZB)
Ermittlung des geldwerten Vorteils:

Endverbraucherpreis:	18.000,00 EUR
4% Bewertungsabschlag:	-720,00 EUR
96%:	17.280,00 EUR
Zahlung des Arbeitnehmers:	-15.000,00 EUR
Geldwerter Vorteil:	2.280,00 EUR
Rabattfreibetrag:	-1.080,00 EUR
Steuerpflichtiger und beitragspflichtiger Sachbezug:	**1.200,00 EUR**

Arbeitgeber: Küchen Company			
Arbeitnehmerin: Rita Redlich			
Zeitraum: 1.7. – 31.7.2017			
Bruttolohn	Stpfl.	steuerfrei	Gesamtbrutto
Gehalt	2.850,00 EUR		2.850,00 EUR
Sachbezug Mitarbeiterrabatt	**1.200,00 EUR**	**1.080,00 EUR**	**2.280,00 EUR**
Gesamtbrutto	4.050,00 EUR	1.080,00 EUR	5.130,00 EUR
Steuer- und SV-Brutto	4.050,00 EUR		
Lohnsteuer	-700,50 EUR		
Solidaritätszuschlag	-38,52 EUR		
Kirchensteuer	-0,00 EUR		
Steuerrechtliche Abzüge			-739,02 EUR
KV (7,3% + 1,0% ZB)	-336,15 EUR		
RV (9,35%)	-378,68 EUR		
AV (1,5%)	-60,75 EUR		
PV (1,525%)	-61,76 EUR		
SV-rechtliche Abzüge			-837,34 EUR
Gesetzliches Netto			3.553,64 EUR
Verrechneter Sachbezug			-2.280,00 EUR
Auszahlbetrag			1.273,64 EUR

Arbeitgeberanteil (von 4.050 EUR):	
KV (7,3%)	295,65 EUR
RV (9,35%)	378,68 EUR
AV (1,5%)	60,75 EUR
PV (1,275%)	51,64 EUR
Umlage 1 (1,9%)	entfällt
Umlage 2 (0,49%)	13,97 EUR
Insolvenzgeldumlage (0,09%)	3,65 EUR
Gesamtaufwand Arbeitgeber	804,34 EUR

Wie bereits in Kapitel 8.4 thematisiert, kann bei dem Überlassen von Wohnraum auch der Mitarbeiterrabatt eingesetzt werden, wenn der Arbeitgeber Wohnungen geschäftsmäßig vermietet.

Beispiel !

Die Wohnungsgesellschaft »Alte Hütte« (über 30 Vollzeitbeschäftigte) stellt dem Hausmeister Hugo Häuslich eine Mietwohnung zur Verfügung. Die ortsübliche Nettokaltmiete beträgt 400 Euro. Hugo Häuslich zahlt für die Wohnung 200 Euro Kaltmiete zzgl. Nebenkosten. Hugo bewohnt die Wohnung das ganze Jahr.
Gehalt: 1.950,00 Euro
Steuerklasse: IV / kein Kinderfreibetrag / keine Konfession (kinderlos)
Krankenkasse: BARMER (1,1% ZB)
Ermittlung des monatlichen geldwerten Vorteils:

Ortsübliche Miete	400,00 EUR
4% Bewertungsabschlag:	-16,00 EUR
96%:	384,00 EUR
Zahlung des Arbeitnehmers:	-200,00 EUR
Geldwerter Vorteil:	184,00 EUR
Rabattfreibetrag (1/12 von 1.080 EUR):	-90,00 EUR
Steuerpflichtiger und beitragspflichtiger Sachbezug:	**94,00 EUR**

Arbeitgeber: Wohnungsgesellschaft »Alte Hütte«			
Arbeitnehmer: Hugo Häuslich			
Zeitraum: 1.1. – 31.1.2017			
Bruttolohn	Stpfl.	steuerfrei	Gesamtbrutto
Gehalt	1.950,00 EUR		1.950,00 EUR
Sachbezug Wohnung	**94,00 EUR**	**90,00 EUR**	**184,00 EUR**
Gesamtbrutto	2.044,00 EUR	90,00 EUR	2.134,00 EUR
Steuer- und SV-Brutto	2.044,00 EUR		
Lohnsteuer	-200,41 EUR		
Solidaritätszuschlag	-11,02 EUR		
Kirchensteuer	-0,00 EUR		
Steuerrechtliche Abzüge			-211,43 EUR
KV (7,3% + 1,1% ZB)	-171,70 EUR		
RV (9,35%)	-191,11 EUR		
AV (1,5%)	-30,66 EUR		
PV (1,525%)	-31,17 EUR		
SV-rechtliche Abzüge			-424,64 EUR
Gesetzliches Netto			1.497,93 EUR
Verrechneter Sachbezug			-184,00 EUR
Eigenanteil Miete			200,00 EUR
Auszahlbetrag			1.113,93 EUR

Arbeitgeberanteil (von 2.044 EUR):	
KV (7,3%)	149,21 EUR
RV (9,35%)	191,11 EUR
AV (1,5%)	30,66 EUR
PV (1,275%)	26,06 EUR
Umlage 1	entfällt
Umlage 2 (0,45%)	9,20 EUR
Insolvenzgeldumlage (0,09%)	1,84 EUR
Gesamtaufwand Arbeitgeber	408,08 EUR

Abwandlung: Hugo Häuslich zieht erst im August ein.
Lösung: Der Rabattfreibetrag gilt für ein ganzes Kalenderjahr, er könnte also in diesem Fall von August bis Dezember verbraucht werden. Da der geldwerte Vorteil monatlich 184 Euro beträgt, würde im Jahr des Einzugs kein steuerpflichtiger geldwerter Vorteil entstehen (184,00 Euro x 5 Monate = 920,00 Euro), denn der Rabattfreibetrag in Höhe von 1.080,00 Euro ist in diesem Jahr noch nicht ausgeschöpft.

8.9 Warengutscheine

Gutscheine sind eine beliebte Möglichkeit des Arbeitgebers, dem Arbeitnehmer zusätzliche Vorteile steuer- und beitragsfrei zu verschaffen. Es ist zu unterscheiden zwischen

- Gutscheinen, die der Arbeitnehmer bei seinem eigenen Arbeitgeber für Waren aus dessen Sortiment einlösen kann, oder
- beliebigen Warengutscheinen zum Einlösen bei Dritten.

Beispiel 1 – Warengutschein !

Die Arbeitnehmer eines Baumarkts erhalten von ihrem Arbeitgeber als Weihnachtspräsent einen Gutschein in Höhe von 1.125 Euro zum Einlösen gegen Waren aus dem Sortiment des Arbeitgebers, welcher im folgenden Kalenderjahr eingelöst werden kann. In diesem Fall ist die Bewertungsregel des §8 Abs. 3 EStG: 4% Bewertungsabschlag und 1.080 Euro Rabattfreibetrag.

Ermittlung des geldwerten Vorteils:

Warengutschein	1125,00 EUR
4% Bewertungsabschlag:	-45,00 EUR
96%:	1080,00 EUR
Geldwerter Vorteil:	1080,00 EUR
Rabattfreibetrag:	-1080,00 EUR
Steuerpflichtiger und beitragspflichtiger Sachbezug:	**0,00 EUR**

! **Wichtig**

Ist der Gutschein beim eigenen Arbeitgeber einzulösen, fließt der Arbeitslohn dem Arbeitnehmer im Zeitpunkt der Einlösung zu. Der Arbeitnehmer muss den Gutschein also in einem Kalenderjahr verbrauchen, um den Rabattfreibetrag in voller Höhe auszuschöpfen.

! **Beispiel 2 – Warengutschein**

Die Arbeitnehmer eines Baumarkts erhalten von ihrem Arbeitgeber monatlich eine Gutscheinkarte mit einem Wert von 44 Euro, welche bei verschiedenen anderen Kaufhäusern (nur gegen Waren) eingelöst werden kann.

In diesem Fall kann die 44-Euro-Freigrenze gem. §8 Abs. 2 Satz 11 EStG in Anspruch genommen werden.

Lautet der Gutschein auf einen festen Euro-Betrag, kann der Bewertungsabschlag von 4% nicht vorgenommen werden.

! **Wichtig**

Ist der Gutschein bei einem Dritten einzulösen, fließt der Arbeitslohn dem Arbeitnehmer im Zeitpunkt der Hingabe des Gutscheins zu. Der Arbeitnehmer kann hier also auch Gutscheine sammeln und sie später einlösen.

Die 44-Euro-Grenze darf monatlich insgesamt nicht überschritten werden. Sollen dem Arbeitnehmer mehrere Sachbezüge gewährt werden, die jeweils einzeln die 44-Euro-Grenze nicht überschreiten, sind diese zusammenzurechnen. Ein Überschreiten der 44-Euro-Grenze führt insgesamt zur

Steuer- und Beitragspflicht. Soll der Arbeitnehmer neben einem 44-Euro-Warengutschein noch ein Jobticket erhalten, kann dieses mit 15% pauschaler Lohnsteuer versteuert werden.

8.10 Arbeitgeberdarlehen

Erhält ein Arbeitnehmer von seinem Arbeitgeber ein Darlehen zu einem marktüblichen Zinssatz, so erlangt der Arbeitnehmer keinen lohnsteuerlich zu erfassenden geldwerten Vorteil. Erhält der Arbeitnehmer das Darlehen jedoch zu günstigeren Konditionen als am Markt üblich, so sind die Zinsvorteile als geldwerter Vorteil grundsätzlich steuer- und beitragspflichtig.

Auch hier kann die Inanspruchnahme des Rabattfreibetrags in Höhe von 1.080 Euro oder die Anwendung der 44-Euro-Freigrenze in Frage kommen. Entscheidend ist hierbei ebenfalls, ob die Vergabe von Krediten zum Geschäftszweck des Arbeitgebers gehört.

Bei Zinsvorteilen bemisst sich der geldwerte Vorteil nach dem Unterschiedsbetrag zwischen dem Maßstabzinssatz und dem Zinssatz, der im konkreten Fall vereinbart wurde.

Wie ermittelt man den Maßstabzinssatz?

Dazu gibt es drei verschiedene Möglichkeiten:

- Anwendung des bei Vertragsabschluss zuletzt veröffentlichten Effektivzinssatzes der Deutschen Bundesbank, zu ermitteln unter http://www.bundesbank.de/Navigation/DE/Statistiken/Geld_und_Kapitalmaerkte/geld_und_kapitalmaerkte.html unter dem Stichwort »Geldwerte Vorteile bei Arbeitgeberdarlehen« (4% Bewertungsabschlag anwendbar); siehe auch die Tabelle auf Arbeitshilfen online
- Einholung eines Angebots des Kreditinstituts am Abgabeort (4% Bewertungsabschlag anwendbar)
- Ermittlung des günstigsten Angebots am Markt durch Internetangebot (kein Bewertungsabschlag)

ARBEITSHILFE ONLINE

Arbeitshilfen online

Eine Tabelle der Zinssätze für das Neugeschäft der deutschen Banken (MFIs) finden Sie auf Arbeitshilfen online.

!

Beispiel 1 – Arbeitgeberdarlehen

Rudi Redlich erhält am 31. Mai 2017 von seinem Arbeitgeber, der CHAOS Computer GmbH, ein zinsloses Darlehen in Höhe von 20.000 Euro für Anschaffungen (nicht zum Wohnungsbau). Das Darlehen ist ab 30.06.2017 mit monatlich 500 Euro zu tilgen. Die Tilgung ist direkt bei der Lohnabrechnung abzuziehen.
Der Maßstabzinssatz im März 2017 (im Mai letzter veröffentlichter Monat in der Zinsstatistik der Deutschen Bundesbank) für Konsumentenkredite (Laufzeit 1-5 Jahre) beträgt 4,15%.
Gehalt: 2.850,00 Euro
Steuerklasse: IV / kein Kinderfreibetrag / keine Konfession (kinderlos)
Krankenkasse: Techniker KK (1,0% ZB)
Ermittlung des geldwerten Vorteils im Monat Juni:

Maßstabszinssatz	4,15%
4% Bewertungsabschlag:	-0,17%
96%:	3,98%
Zinssatz des Arbeitnehmers:	-0,00%
Geldwerter Vorteil:	3,98%
3,98% von 20.000 EUR x 1/12 =	66,33 EUR
Steuerpflichtiger und beitragspflichtiger Sachbezug:	**66,33 EUR**

Arbeitgeber: CHAOS Computer GmbH			
Arbeitnehmer: Rudi Redlich			
Zeitraum: 1.5. – 31.5.2017			
Bruttolohn	Stpfl.	steuerfrei	Gesamtbrutto
Gehalt	2.850,00 EUR		2.850,00 EUR
Sachbezug Zinsersparnis	**66,33 EUR**		**66,33 EUR**
Gesamtbrutto	2.916,33 EUR		2.916,33 EUR
Steuer- und SV-Brutto	2.916,33 EUR		
Lohnsteuer	-410,41 EUR		
Solidaritätszuschlag	-22,57 EUR		
Kirchensteuer	-0,00 EUR		
Steuerrechtliche Abzüge			-432,98 EUR
KV (7,3% + 1,0% ZB)	-242,06 EUR		
RV (9,35%)	-272,68 EUR		
AV (1,5%)	-43,74 EUR		
PV (1,525%)	-44,47 EUR		
SV-rechtliche Abzüge			-602,95 EUR
Gesetzliches Netto			1.880,40 EUR
Verrechneter Sachbezug			-66,33 EUR
Abzug Tilgung Darlehen			-500,00 EUR
Auszahlbetrag			1.314,07 EUR

Arbeitgeberanteil (von 2.916,33 EUR):	
KV (7,3%)	212,89 EUR
RV (9,35%)	272,68 EUR
AV (1,5%)	43,74 EUR
PV (1,275%)	37,18 EUR
Umlage 1 (1,9%)	55,41 EUR
Umlage 2 (0,49%)	14,29 EUR
Insolvenzgeldumlage (0,09%)	2,62 EUR
Gesamtaufwand Arbeitgeber	638,81 EUR

!

Beispiel 2 – Arbeitgeberdarlehen

Abwandlung: Das Darlehen wird zu einem Zinssatz von 1,35% an Rudi Redlich ausgegeben. Wenn die 44-Euro-Freigrenze nicht durch andere Sachbezüge ausgeschöpft wurde, kann sie auch hier zur Anwendung kommen:
Ermittlung des geldwerten Vorteils im Monat Juni:

Maßstabszinssatz	4,15%
4% Bewertungsabschlag:	-0,17%
96%:	3,98%
Zinssatz des Arbeitnehmers:	-1,35%
Geldwerter Vorteil:	2,63%
2,63% von 20.000 EUR x 1/12 =	43,83 EUR
Steuerpflichtiger und beitragspflichtiger Sachbezug:	**42,83 EUR**

Arbeitgeber: CHAOS Computer GmbH			
Arbeitnehmer: Rudi Redlich			
Zeitraum: 1.5. – 31.5.2017			
Bruttolohn	Stpfl.	steuerfrei	Gesamtbrutto
Gehalt	2.850,00 EUR		2.850,00 EUR
Sachbezug Zinsersparnis		**43,83**	**43,83 EUR**
Gesamtbrutto	2.850,00 EUR		2.893,83 EUR
Steuer- und SV-Brutto	2.850,00 EUR		
Lohnsteuer	-393,50 EUR		
Solidaritätszuschlag	-21,64 EUR		
Kirchensteuer	-0,00 EUR		
Steuerrechtliche Abzüge			-415,14 EUR
KV (7,3% + 1,0% ZB)	-236,55 EUR		
RV (9,35%)	-266,48 EUR		
AV (1,5%)	-42,75 EUR		
PV (1,525%)	-43,46 EUR		
SV-rechtliche Abzüge			-589,24 EUR
Gesetzliches Netto			1.889,45 EUR
Verrechneter Sachbezug			-43,83 EUR
Abzug Zinsen (1,35% von 20.000 EUR x 1/12)			-22,50 EUR
Abzug Tilgung Darlehen			-500,00 EUR
Auszahlbetrag			1.323,12 EUR

Arbeitgeberanteil (von 2.850 EUR):	
KV (7,3%)	208,05 EUR
RV (9,35%)	266,48 EUR
AV (1,5%)	42,75 EUR
PV (1,275%)	36,34 EUR
Umlage 1 (1,9%)	54,15 EUR
Umlage 2 (0,49%)	13,97 EUR
Insolvenzgeldumlage (0,09%)	2,57 EUR
Gesamtaufwand Arbeitgeber	624,31 EUR

8.11 Betriebsveranstaltungen

Betriebsveranstaltungen sollen dem geselligen Beisammensein und dem näheren Kennenlernen der Arbeitnehmer untereinander dienen. Wer denkt da schon bei leckerem Essen, Musik und kulturellem Programm an Arbeitslohn?

Nach der Veranstaltung sollten Sie das aber auf jeden Fall tun! Denn ob Zuwendungen an Arbeitnehmer anlässlich von Betriebsveranstaltungen zu einem geldwerten Vorteil und damit zu Arbeitslohn führen, hängt von verschiedenen Kriterien ab. Seit dem 1.1.2015 ist dies gesetzlich in §19 Abs. 1 Satz 1 Nr. 1a EStG geregelt worden.

Was ist eine Betriebsveranstaltung?

- Betriebsveranstaltungen sind Veranstaltungen auf betrieblicher Ebene, die gesellschaftlichen Charakter haben. Sie sollen den Kontakt der Arbeitnehmer untereinander und damit das Betriebsklima fördern. Dazu gehören z.B.:
  - Sommerfest
  - Weihnachtsfeier
  - Jubiläumsfeier
  - Pensionärstreffen

- Sie muss allen Angehörigen des Betriebs oder Betriebsteils bzw. einer Organisationseinheit des Betriebs offenstehen.
- Der Teilnehmerkreis muss überwiegend (d.h. zu mehr als 50%) aus Betriebsangehörigen und deren Begleitpersonen und ggf. Leiharbeitnehmern oder Arbeitnehmern anderer Unternehmen im Konzernverbund bestehen.

Keine Betriebsveranstaltung sind:

- Ehrung eines einzelnen Jubilars (vgl. R 19.3 Abs. 2 Nr. 3 LStR)
- Geburtstagsfeiern (vgl. R 19.3 Abs. 2 Nr. 4 LStR)
- Arbeitsessen (vgl. R 19.6 Abs. 2 LStR)
- Veranstaltungen, die nur einem ausgewählten Kreis von Arbeitnehmern offenstehen (vgl. Ausführungen zu §37b EStG)

Was gehört zu den Zuwendungen?

Zu den Zuwendungen bei Betriebsveranstaltungen gehören alle Aufwendungen des Arbeitgebers einschl. Umsatzsteuer, unabhängig davon, ob sie einzelnen Arbeitnehmern individuell zurechenbar sind oder nicht:

a) Speisen, Getränke, Tabakwaren, Süßigkeiten
b) Übernachtungs- und Fahrtkosten
c) Musik, künstlerische Darbietungen
d) Geschenke
e) Zuwendungen an Begleitpersonen des Arbeitnehmers
f) Barzuwendungen statt Sachzuwendungen für a)-c), wenn zweckentsprechende Verwendung sichergestellt ist
g) Aufwendungen für äußeren Rahmen: Räume, Beleuchtung, Eventmanager, auch Kosten für Sanitäter, Erfüllung behördlicher Auflagen, Stornokosten, Trinkgelder

Achtung !

Nicht zu den Zuwendungen gehören die Selbstkosten des Arbeitgebers!

Begünstigte Personen sind:

- aktive Arbeitnehmer
- ehemalige Arbeitnehmer
- Leiharbeitnehmer
- Praktikanten

- Referendare
- Arbeitnehmer anderer konzernangehöriger Unternehmen
- ähnliche Personen
- Begleitpersonen

Zuwendungen anlässlich von Betriebsveranstaltungen führen **nicht** zu Arbeitslohn, soweit die Aufwendungen je teilnehmendem Arbeitnehmer den Freibetrag von 110 Euro nicht übersteigen. Der Freibetrag gilt für bis zu zwei Betriebsveranstaltungen (arbeitnehmerbezogen) jährlich. D. h., der Arbeitgeber kann durchaus drei Veranstaltungen bis 110 Euro Aufwand pro Arbeitnehmer im Jahr durchführen, aber lediglich für die Arbeitnehmer, die nur an zwei Veranstaltungen teilgenommen haben, entsteht kein geldwerter Vorteil. Aufwendungen für Begleitpersonen sind dabei dem Arbeitnehmer zuzurechnen. Ihnen bleibt also nichts anderes übrig, als eifrig Anwesenheitslisten zu führen.

Die Berechnung des jeweiligen Aufwands pro Teilnehmer erfolgt folgendermaßen:

1. Ermittlung der Bruttoaufwendungen insgesamt
2. Aufteilung auf alle Teilnehmer
3. Anschließend Zurechnung der Begleitpersonen zu dem jeweiligen Arbeitnehmer

! **Beispiel – Betriebsveranstaltung**

- Gesamtaufwendungen brutto: 10.000 Euro
- Teilnehmende Personen: 100 Personen, davon 50 AN ohne Begleitung, 25 AN mit jeweils einer Begleitperson
- Aufwendung pro Person: 100 Euro
  - Bei den 50 AN ohne Begleitperson entsteht kein geldwerter Vorteil
  - Bei den 25 AN mit 1 Begleitperson: 200 Euro Aufwand — 110 Euro Freibetrag = 90 Euro geldwerter Vorteil

Wie erfolgt die Versteuerung?

Was grundsätzlich immer möglich ist, ist die individuelle Versteuerung nach ELStAM beim einzelnen Arbeitnehmer:

- jeweils 90 Euro – dieser Betrag ist mangels Befreiungsvorschrift SV-pflichtig.

Das ist aber nicht empfehlenswert! Besser ist die folgende Methode:

- pauschale Lohnsteuer gem. §40 Abs. 2 Satz 1 Nr. 2 EstG:

geldwerter Vorteil:	25 AN x 90 Euro =	2.250,00 Euro
davon 25% pauschale Lohnsteuer		562,50 Euro
zzgl. 5,5% pauschalen SolZ:		30,93 Euro
zzgl. 5% pauschale Kirchensteuer	im vereinfachten Verfahren:	28,13 Euro
Steuerbelastung Arbeitgeber:		621,56 Euro

8.12 Geschenke und Incentives

Stellen Sie sich vor, Ihr Arbeitgeber zahlt Ihnen als Anerkennung für gute Leistungen keine Prämie, sondern schenkt Ihnen stattdessen eine Reise im Wert von 1.000 Euro, auf der Sie sich nur erholen sollen und die Sie sich vielleicht nie selbst gegönnt hätten. Sie dürfen diese Reise jetzt erst einmal ganz entspannt genießen; Sie müssen sich aber auch Gedanken darüber machen, wie diese Zuwendung steuer- und SV-rechtlich zu behandeln ist.

Sie erinnern sich: Arbeitslohn sind alle Einnahmen, die dem Arbeitnehmer aus dem Dienstverhältnis zufließen (§8 Abs. 1 EStG). Es ist unerheblich, unter welcher Bezeichnung und in welcher Form die Einnahmen gewährt werden (§2 Abs. 1 LStDV). Neben Barlohn gehört die Gewährung von Sachbezügen zum Arbeitslohn – also auch diese sog. Incentive-Reise, die Sie ja als Arbeitnehmer im Rahmen Ihres Dienstverhältnisses von Ihrem Arbeitgeber erhalten haben.

Diese Zuwendung ist steuer- und beitragspflichtig; es gibt leider keine Befreiungsvorschrift. Das kann natürlich die Freude beim Arbeitnehmer erheblich schmälern. Deshalb ist es auch möglich, dass der Arbeitgeber die Steuer- und SV-Belastung, die der Arbeitnehmer normalerweise hätte, übernimmt und diese 1.000 Euro als Nettobetrag betrachtet und auf einen Bruttobetrag hochrechnet.

Das Gleiche gilt für Geschenke, die der Arbeitnehmer von seinem Arbeitgeber erhält, und die die Grenzen für Aufmerksamkeiten (60 Euro – siehe Kapitel 8.1.7) oder geringfügige Sachbezüge (44 Euro – siehe Kapitel 8.9) übersteigen.

Eine weitere Möglichkeit ist die Pauschalbesteuerung gem. §37b EStG mit 30% pauschaler Einkommensteuer zzgl. SolZ. und ggf. KiSt.

Diese Möglichkeit wurde eingeführt, um es Unternehmen zu ermöglichen, Zuwendungen an Dritte, z.B. Geschäftspartner und deren Arbeitnehmer (§37b Abs. 1 EStG) oder eigene Arbeitnehmer (§37b Abs. 2 EStG) pauschal zu versteuern. Voraussetzung ist, dass die Zuwendung zum ohnehin geschuldeten Arbeitslohn hinzukommt und 10.000 Euro nicht übersteigt. Indem der Zuwendende die Pauschalsteuer übernimmt, ist die Besteuerung abgegolten. Was bleibt, ist die Beitragspflicht zur Sozialversicherung für eigene Arbeitnehmer.

! **Beispiel – Incentive-Reise**

Der Arbeitnehmer erhält aufgrund guter Leistungen von seinem Arbeitgeber eine Incentive-Reise im Wert von 1.000 Euro als Anerkennung. Der Arbeitgeber entscheidet sich für die Pauschalversteuerung gem. §37b Abs. 2 EStG sowie zur Übernahme der SV-Beiträge des Arbeitnehmers.
Gehalt: 2.850,00 Euro
Krankenkasse: DAK (1,5% Zusatzbeitrag)
Steuerklasse: I / kein Kinderfreibetrag / 9% KiSt (kinderlos)
Der übernommene Arbeitnehmer-SV-Anteil errechnet sich wie folgt:

KV:	7,3%
ZB:	1,5%
RV:	9,35%
AV:	1,5%
PV:	1,525%
Gesamt	**21,375%**

Hochrechnung:
21,375% : (100% – 21,375%) = 21,375% : 78,625% = **27,186%**

Bruttolohn mit übernommenem AN-SV-Anteil:	1.000,00 EUR
+ 27,186% von 1.000 Euro	**271,86 EUR**
Hochgerechnetes Brutto:	1.271,86 EUR

Die vom Arbeitgeber übernommenen SV-Beiträge des Arbeitnehmers stellen wiederum steuerpflichtigen Arbeitslohn dar. Will der Arbeitgeber den Arbeitnehmer nicht finanziell belasten, muss er den Incentive-Bezug als Nettolohnart behandeln und auf einen Bruttobetrag hochrechnen (siehe folgende Abrechnung).

Abrechnung mit Incentive-Bezug:

Arbeitgeber: CHAOS Computer GmbH

Arbeitnehmer: Freie Fleißig
Krankenkasse: DAK (1,5% ZB)

Zeitraum: 1.5. – 31.5.2017

Bruttolohn	Stpfl.	steuerfrei	Gesamtbrutto
Gehalt	2.850,00 EUR		2.850,00 EUR
Sachzuwendung netto 30% pLSt, SV-pflichtig	**1.000,00 EUR**		**1.000,00 EUR**
Übernommene AN-SV aus Sachzuwendung	264,62 EUR		264,62 EUR
Übernommene Steuer aus AN-SV (SV-frei)	78,07 EUR		78,07 EUR
Gesamtbrutto	4.192,69 EUR		4.192,69 EUR
Steuer-Brutto	4.192,69 EUR		
SV-Brutto	4.114,62 EUR		
Lohnsteuer	-465,33 EUR		
Solidaritätszuschlag	-20,64 EUR		
Kirchensteuer	-0,00 EUR		
Steuerrechtliche Abzüge			-485,97 EUR
KV (7,3% + 1,5% ZB)	-362,09 EUR		
RV (9,35%)	-384,72 EUR		
AV (1,5%)	-61,72 EUR		
PV (1,525%)	-52,46 EUR		
SV-rechtliche Abzüge			-860,99 EUR
Gesetzliches Netto			2.845,73 EUR
Verrechneter Sachbezug			-1.000,00 EUR
Auszahlbetrag			1.845,73 EUR

Arbeitgeberanteil (von 4.114,62 EUR):	
KV (7,3%)	300,37 EUR
RV (9,35%)	384,72 EUR
AV (1,5%)	61,72 EUR
PV (1,275%)	52,46 EUR
Umlage 1 (2,0%) von 3.850 EUR	77,00 EUR
Umlage 2 (0,38%) von 3.850 EUR	14,63 EUR
Insolvenzgeldumlage (0,09%)	3,71 EUR
Gesamtaufwand Arbeitgeber	894,61 EUR

Die 271,86 Euro AN-SV-Beiträge, die der Arbeitgeber übernommen hat, dürfen nicht mit 30% pauschal versteuert werden, da es sich um eine Geldzuwendung handelt und nicht um eine Sachzuwendung. Der Betrag muss beim Arbeitnehmer individuell versteuert werden. Der Arbeitgeber kann diese Steuer wiederum übernehmen, damit der Arbeitnehmer keine eigene Belastung zu tragen hat.

! **Beispiel – Geschenke**

Die Arbeitnehmerin Thea Taste erhält aus Anlass ihres 50. Geburtstags von ihrem Arbeitgeber ein besonderes Geschenk. Es handelt sich um ein Kaffeegedeck mit Goldrand, welches leider nicht spülmaschinenfest ist und das daher von ihr sofort auf dem Flohmarkt wiederverkauft werden wird, sowie einen Blumenstrauß, welchen sie wegen ihres Heuschnupfens gar nicht erst mit nach Hause nimmt, sondern im Besprechungszimmer der Firma stehenlässt.
Das Kaffeegedeck kostet 59,50 Euro, der Blumenstrauß 15,50 Euro.
Thea Taste hat ein Geschenk von ihrem Arbeitgeber erhalten, mit dem sie leider nichts anfangen kann. Schade – ein Gutschein wäre sicher sinnvoller gewesen. Zudem hat der Arbeitgeber auch noch die Grenze für Aufmerksamkeiten in Höhe von 60 Euro gem. R 19.6 Abs. 1 Satz 2 LStR (siehe Kapitel 8.1.7) überschritten. Der besondere Anlass ist gegeben, der Wert des Geschenks beträgt jedoch 75 Euro. Was sind die Folgen?
Der Sachbezug ist dem Grunde nach steuerpflichtiger Arbeitslohn und beitragspflichtiges Arbeitsentgelt. Wenn der Arbeitgeber es sich nicht ganz mit seiner Mitarbeiterin verderben will, wird er von einer individuellen Versteuerung und Verbeitragung bei der Arbeitnehmerin absehen und sich für die Pauschalversteuerung und Übernahme der Arbeitnehmer-SV-Beiträge entscheiden.

KV:	7,3%
ZB:	1,1%
RV:	9,35%
AV:	1,5%
PV:	1,525%
Gesamt	**20,775%**

Hochrechnung:
20,775% : (100% – 20,775%) = 20,775% : 77,225% = **26,223%**

Bruttolohn mit übernommenem AN-SV-Anteil:	75,00 EUR
+ 26,223% von 75 Euro	**19,66 EUR**
Hochgerechnetes Brutto:	94,66 EUR

Für die übernommenen SV-Beiträge in Höhe von 19,66 EUR gilt dasselbe wie im o. g. Beispiel der Incentive-Reise.

9 Betriebliche Altersversorgung

Die betriebliche Altersversorgung hat den Zweck, Arbeitnehmer und ihre Angehörigen im Fall der Invalidität, des Alters oder des Todes zusätzlich zur gesetzlichen Rentenversicherung abzusichern. Dabei kann die betriebliche Altersversorgung einerseits durch den Arbeitnehmer selbst finanziert werden, die Leistungen können aber auch vom Arbeitgeber zusätzlich zum Arbeitslohn aufgrund freiwilliger Verpflichtung (Tarifvertrag, Betriebsvereinbarung, Arbeitsvertrag) erbracht werden. Auch eine gemeinsame Finanzierung durch Arbeitgeber und Arbeitnehmer ist möglich. Arbeitnehmer haben einen individuellen Anspruch auf eine betriebliche Altersvorsorge, wenn sie die Zusage des Arbeitgebers durch Entgeltumwandlung finanzieren. Die gesetzlichen Grundlagen findet man im sog. Betriebsrentengesetz (Gesetz zur Verbesserung der betrieblichen Altersversorgung – BetrAVG), welches zum 1.1.2018 in einigen Teilen neu gefasst wurde. Die fünf Durchführungswege der betrieblichen Altersversorgung sind

1. Direktzusage
2. Unterstützungskasse
3. Direktversicherung
4. Pensionskasse
5. Pensionsfonds

Folgende Zusagen sind gem. §1 Abs. 2 BetrAVG möglich:

a) Leistungszusage: Der Arbeitgeber sagt eine bestimmte Leistung zu, z.B. ab Eintritt des 65. Lebensjahrs eine Betriebsrente in Höhe von 600 Euro (§1 Abs. 1 S.2 BetrAVG).
b) Beitragsorientierte Leistungszusage: Der Arbeitgeber verpflichtet sich, bestimmte Beiträge in eine Anwartschaft auf Alters-, Invaliditäts- oder Hinterbliebenenversorgung umzuwandeln (§1 Abs. 2 Nr. 1 BetrAVG). Der Arbeitgeber sagt damit keinen festen Rentenbetrag zu.
c) Beitragszusage mit Mindestleistung: Der Arbeitgeber verpflichtet sich, Beiträge zur Finanzierung von Leistungen der betrieblichen Altersversorgung an einen Pensionsfonds, eine Pensionskasse oder eine Direktversicherung zu zahlen und für Leistungen zur Altersversorgung das planmäßig zuzurechnende Versorgungskapital auf der Grundlage der gezahlten Beiträge (Beiträge und die daraus erzielten Erträge), mindestens die Summe der zugesagten Beiträge, soweit sie nicht rechnungsmäßig

für einen biometrischen Risikoausgleich verbraucht wurden, hierfür zur Verfügung zu stellen (§1 Abs. 2 Nr. 2 BetrAVG).

Auch bei einer beitragsorientierten Zusage oder einer Beitragszusage mit Mindestleistung steht der Arbeitgeber für eine definierte Mindestleistung ein.

Ab 2018 gibt es zusätzlich das sog. Sozialpartnermodell, welches in den Durchführungswegen Direktversicherung, Pensionskasse oder Pensionsfonds angewandt werden kann. Hier sind tarifvertragliche Beitragszusagen ohne Mindest- bzw. Garantieleistung des Arbeitgebers oder der durchzuführenden Einrichtung möglich.

9.1 Direktzusage

Bei der Direktzusage sagt der Arbeitgeber dem Arbeitnehmer direkt eine Altersversorgung, eine sog. Betriebsrente zu. Dabei kann er eine konkrete Leistung zusagen, z.B. mit dem Erreichen des 65. Lebensjahrs eine Betriebsrente in Höhe von 600 EUR.

Die Versorgungssumme muss der Arbeitgeber in jedem Falle vorher ansparen, dazu bildet er als betrieblichen Aufwand eine Pensionsrückstellung in seiner Bilanz.

Um das finanzielle Risiko des Arbeitgebers in Grenzen zu halten, schließen Arbeitgeber oftmals eine Rückdeckungsversicherung ab, die im Versorgungsfall an den Arbeitgeber zahlt. Die Rückdeckungsversicherung wird nicht als betriebliche Altersversorgung behandelt, da sie das Risiko des Arbeitgebers absichert und nicht die Zukunftssicherung des Arbeitnehmers.

Während der Ansparphase, also der aktiven Dienstzeit des Arbeitnehmers, führen die Leistungen des Arbeitgebers zugunsten der Direktzusage nicht zu Arbeitslohn. Der Arbeitnehmer kann sich im Rahmen einer Entgeltumwandlung mit eigenen Beiträgen beteiligen.

Wenn das Versorgungsalter erreicht ist, wenn es zu einer vorzeitigen Auszahlung wegen Invalidität kommt oder auch, wenn wegen Todes des Arbeitnehmers die Leistung an die Hinterbliebenen ausgezahlt wird, wird diese Zahlung direkt vom Arbeitgeber als sog. Versorgungsbezug geleistet. Dieser Versorgungsbezug stellt im steuerrechtlichen Sinne Arbeitslohn dar.

9.2 Unterstützungskasse

Die Versorgung über eine Direktzusage ist für Arbeitgeber mit erheblichem Aufwand und Risiko verbunden. Viele Arbeitgeber wählen daher den Weg über einen externen Träger. Bei der Versorgung über eine Unterstützungskasse verlagert der Arbeitgeber den Verwaltungsaufwand auf diese.

Die Unterstützungskassen sind selbstständige Versorgungseinrichtungen, bei denen der Arbeitgeber Mitglied wird. Der Arbeitgeber zahlt während der Ansparphase, also der aktiven Dienstzeit des Arbeitnehmers, Beiträge an die Unterstützungskasse. Auch hier kann sich der Arbeitnehmer im Rahmen einer Entgeltumwandlung mit eigenen Beiträgen beteiligen. Die Zahlungen an die Unterstützungskasse führen nicht zu Arbeitslohn.

Wenn das Versorgungsalter erreicht ist, wenn es zu einer vorzeitigen Auszahlung wegen Invalidität kommt oder auch, wenn wegen Todes des Arbeitnehmers die Leistung an die Hinterbliebenen ausgezahlt wird, richtet sich der Anspruch nicht gegen die Unterstützungskasse, sondern gegen den Arbeitgeber. Der Arbeitgeber kann jedoch die Unterstützungskasse beauftragen, den Versorgungsbezug direkt an den ehemaligen Arbeitnehmer auszuzahlen. Dieser Versorgungsbezug stellt im steuerrechtlichen Sinne Arbeitslohn dar.

9.3 Direktversicherung

Die Direktversicherung ist eine Lebensversicherung, die der Arbeitgeber abschließt, aus der jedoch nicht er, sondern einer seiner Arbeitnehmer oder dessen Hinterbliebene bezugsberechtigt sind (§ 1b Abs. 2 Satz 1 des Betriebsrentengesetzes). Die Beiträge zur Direktversicherung können vom Arbeitgeber, vom Arbeitnehmer oder von beiden gemeinsam geleistet werden.

Achtung: Es ist immer zu unterscheiden zwischen Direktversicherungen alter Fassung (bis 31.12.2004) oder neuer Fassung (ab 01.01.2005):

9.3.1 Direktversicherung neuer Fassung (ab 2005)

9.3.1.1 Ansparphase

Beiträge zu einer Direktversicherung sind ab 1.1.2005 – ebenso wie die Beiträge zu einer Pensionskasse und zu einem Pensionsfonds – bis zu 4% der Beitragsbemessungsgrenze in der allgemeinen Rentenversicherung (West) steuerfrei und damit auch beitragsfrei in der Sozialversicherung.

- Das sind im Jahr 2017 4% von 76.200 EUR = 3.048 EUR (monatlich 254 EUR).
- Zusätzlich gab es bis 2017 einen steuerfreien Betrag in Höhe von 1.800 Euro, der jedoch nicht beitragsfrei war.
- Durch das Betriebsrentenstärkungsgesetz wird der steuerfreie Betrag ab 2018 auf 8% der Beitragsbemessungsgrenze (8% von 78.000 EUR = 6.240 EUR) erhöht, dafür entfällt der zusätzliche steuerfreie Betrag in Höhe von 1.800 Euro. Beitragsfrei bleiben weiterhin 4% (von 78.000 EUR = 3.120 EUR).

!

Beispiel 1 – Neue Direktversicherung

Die Super Computer GmbH (neue Bundesländer – über 30 Vollzeitbeschäftigte) schließt für die Arbeitnehmerin Suse Sorgsam im Januar 2017 eine Direktversicherung ab.

- Gehalt: 3.500,00 EUR
- Steuerklasse IV / -- / -- (kinderlos)
- Krankenkasse: BARMER

Variante 1a: Den Beitrag in Höhe von 254 EUR monatlich übernimmt der Arbeitgeber als Zusatzleistung.

Arbeitgeber: Super Computer GmbH		
Arbeitnehmer: Suse Sorgsam		
Zeitraum: 1.1. – 31.1.2017		
Bruttolohn		Gesamtbrutto
Gehalt		3.500,00 EUR
Direktversicherung als Zusatzleistung erhöht nicht das Gesamtbrutto	**(254,00 EUR)**	
Gesamtbrutto		3.500,00 EUR
Lohnsteuer	565,58 EUR	
Solidaritätszuschlag	31,10 EUR	
Kirchensteuer	entfällt	
Steuerrechtliche Abzüge		-596,68 EUR
KV (7,3% + 1,1% ZB)	294,00 EUR	
RV (9,35%)	327,25 EUR	
AV (1,5%)	52,50 EUR	
PV (1,525%)	53,38 EUR	
SV-rechtliche Abzüge		-727,13 EUR
Gesetzliches Netto		2.176,19 EUR
Auszahlbetrag		2.176,19 EUR

Arbeitgeberanteil:	
KV (7,3%)	255,50 EUR
RV (9,35%)	327,25 EUR
AV (1,5%)	52,50 EUR
PV (1,275%)	44,63 EUR
Umlage 1	entfällt
Umlage 2 (0,45%)	15,75 EUR

Arbeitgeberanteil:	
Insolvenzgeldumlage (0,09%)	3,15 EUR
Gesamtaufwand Arbeitgeber	698,78 EUR

Variante 1b: Der Beitrag zur Direktversicherung in Höhe von 254 EUR monatlich wird von der Arbeitnehmerin durch Entgeltumwandlung finanziert. Darauf hat die Arbeitnehmerin einen Rechtsanspruch.

Arbeitgeber: Super Computer GmbH			
Arbeitnehmer: Suse Sorgsam			
Zeitraum: 1.1. – 31.1.2017			
Bruttolohn	EUR stpfl.	EUR steuerfrei	Gesamtbrutto
Gehalt	3.500,00 EUR		3.500,00 EUR
Direktversicherung durch Gehaltsumwandlung	**-254,00 EUR**	**254,00 EUR**	
Steuer- und SV-Brutto	3.246,00 EUR		3.500,00 EUR
Lohnsteuer	496,08 EUR		
Solidaritätszuschlag	27,28 EUR		
Kirchensteuer	entfällt		
Steuerrechtliche Abzüge			-523,36 EUR
KV (7,3% + 1,1% ZB)	272,66 EUR		
RV (9,35%)	303,05 EUR		
AV (1,5%)	48,69 EUR		
PV (1,525%)	49,50 EUR		
SV-rechtliche Abzüge			-674,35 EUR
Gesetzliches Netto			2.302,29 EUR
Abzug Direktversicherung			**-254,00 EUR**
Auszahlbetrag			2.048,29 EUR

Arbeitgeberanteil:	
KV (7,3%)	236,96 EUR
RV (9,35%)	303,50 EUR
AV (1,5%)	48,69 EUR
PV (1,275%)	41,39 EUR
Umlage 1	entfällt
Umlage 2 (0,45%)	14,61 EUR
Insolvenzgeldumlage (0,09%)	2,92 EUR
Gesamtaufwand Arbeitgeber	648,07 EUR

Vergleich Variante 1a und 1b
Die Arbeitnehmerin erhält in Variante 1b einen um 127,90 Euro niedrigeren Auszahlbetrag. Damit finanziert sie den Direktversicherungsbeitrag in Höhe von 254,00 Euro. Die Arbeitgeberersparnis beträgt 50,71 Euro. Diese Ersparnis sollte der Arbeitgeber an die Arbeitnehmerin weitergeben. Ab 2019 ist dies bei Neuverträgen in Höhe von 15% des umgewandelten Entgelts verpflichtend, sofern der Arbeitgeber SV-Beiträge einspart.
Variante 1c: Der Beitrag in Höhe von 254 Euro monatlich wird in Höhe von 204 Euro von der Arbeitnehmerin durch Entgeltumwandlung finanziert; 50 Euro werden vom Arbeitgeber als Zusatzleistung finanziert.

Arbeitgeber: Super Computer GmbH			
Arbeitnehmer: Suse Sorgsam			
Zeitraum: 1.1. – 31.1.2017			
Bruttolohn	EUR stpfl.	EUR steuerfrei	Gesamtbrutto
Gehalt	3.500,00 EUR		3.500,00 EUR
Direktversicherung als Zusatzleistung erhöht nicht das Gesamtbrutto		**(50,00 EUR)**	
Direktversicherung durch Gehaltsumwandlung	**-204,00 EUR**	**204,00 EUR**	
Steuer- und SV-Brutto	3.296,00 EUR		3.500,00 EUR
Lohnsteuer	509,58 EUR		
Solidaritätszuschlag	28,02 EUR		
Kirchensteuer	entfällt		
Steuerrechtliche Abzüge			-537,60 EUR
KV (7,3% + 1,1% ZB)	276,86 EUR		
RV (9,35%)	308,18 EUR		
AV (1,5%)	49,44 EUR		
PV (1,525%)	50,26 EUR		
SV-rechtliche Abzüge			-684,74 EUR
Gesetzliches Netto			2.277,66 EUR
Abzug Direktversicherung			**-204,00 EUR**
Auszahlbetrag			2.073,66 EUR

Arbeitgeberanteil:	
KV (7,3%)	240,61 EUR
RV (9,35%)	308,18 EUR
AV (1,5%)	49,44 EUR

Arbeitgeberanteil:	
PV (1,275%)	42,02 EUR
Umlage 1	entfällt
Umlage 2 (0,45%)	14,83 EUR
Insolvenzgeldumlage (0,09%)	2,97 EUR
Gesamtaufwand Arbeitgeber	658,05 EUR

9.3.1.2 Auszahlphase

In der Auszahlphase sind die Leistungen, die der ehemalige Arbeitnehmer nun von der Versicherung erhält, als Rente steuerpflichtig. Außerdem fallen bei gesetzlich Versicherten Beiträge zur Kranken- und Pflegeversicherung an.

9.3.2 Direktversicherung alter Fassung (bis 2004)

9.3.2.1 Ansparphase

Bis zum 31.12.2004 galten andere Regeln für die Besteuerung von Beiträgen zur Direktversicherung: Diese waren nicht steuerfrei, sondern konnten bis zum Höchstbetrag von 1.752 Euro jährlich pauschal mit 20% pauschaler Lohnsteuer zzgl. Solidaritätszuschlag und ggf. Kirchensteuer versteuert werden. Diese sog. »Altverträge« erhielten unter bestimmten Bedingungen ab 2005 Bestandsschutz. Sie dürfen weiterhin bis max. 1.752 Euro jährlich mit 20% Lohnsteuer pauschal besteuert werden mit der Folge, dass die ausgezahlten Versicherungsleistungen steuerfrei bleiben. Die Pauschalierung der Lohnsteuer löste Beitragsfreiheit aus, soweit die Beiträge zusätzlich zum regelmäßigen Entgelt gezahlt werden oder aus Einmalzahlungen stammen.

!

Beispiel 2 – Alte Direktversicherung

Für die Arbeitnehmerin Vera Vorsorglich der Super Computer GmbH (neue Bundesländer – über 30 Vollzeitbeschäftigte) besteht seit 1995 eine Direktversicherung.

- Gehalt: 3.500,00 EUR
- Steuerklasse IV / -- / -- (kinderlos)
- Krankenkasse: BARMER

Variante 2a: Den Beitrag in Höhe von 146 EUR monatlich zzgl. der Pauschalsteuer übernimmt der Arbeitgeber als Zusatzleistung.

Arbeitgeber: Super Computer GmbH		
Arbeitnehmer: Vera Vorsorglich		
Zeitraum: 1.1. – 31.1.2017		
Bruttolohn		Gesamtbrutto
Gehalt		3.500,00 EUR
Direktversicherung als Zusatzleistung erhöht nicht das Gesamtbrutto	**(146,00 EUR)**	
Gesamtbrutto		3.500,00 EUR
Lohnsteuer	565,58 EUR	
Solidaritätszuschlag	31,10 EUR	
Kirchensteuer	entfällt	
Steuerrechtliche Abzüge		-596,68 EUR
KV (7,3% + 1,1% ZB)	294,00 EUR	
RV (9,35%)	327,25 EUR	
AV (1,5%)	52,50 EUR	
PV (1,525%)	53,38 EUR	
SV-rechtliche Abzüge		-727,13 EUR
Gesetzliches Netto		2.176,19 EUR
Auszahlbetrag		2.176,19 EUR

Arbeitgeberanteil:	
KV (7,3%)	255,50 EUR
RV (9,35%)	327,25 EUR
AV (1,5%)	52,50 EUR
PV (1,275%)	44,63 EUR
Umlage 1	entfällt
Umlage 2 (0,45%)	15,75 EUR
Insolvenzgeldumlage (0,09%)	3,15 EUR
Gesamtaufwand SV Arbeitgeber	698,78 EUR
Pauschale Lohnsteuer AG 20% von 146 EUR	**29,20 EUR**
Zzgl. 5,5% Solidaritätszuschlag von 29,20 EUR	**1,60 EUR**
Kirchensteuer entfällt bei Nachweisverfahren, da AN nicht in der Kirche ist	
Aufwand AG Pauschalsteuer	**30,80 EUR**

Variante 2b: Der Beitrag in Höhe von 146 EUR monatlich wird durch Gehaltsumwandlung finanziert. Die Pauschalsteuer trägt die Arbeitnehmerin.

Arbeitgeber: Super Computer GmbH			
Arbeitnehmer: Vera Vorsorglich			
Zeitraum: 1.1. – 31.1.2017			
Bruttolohn	EUR stpfl.	EUR pauschal	Gesamtbrutto
Gehalt	3.500,00 EUR		3.500,00 EUR
Direktversicherung als Zusatzleistung erhöht nicht das Gesamtbrutto	**-146,00 EUR**	**146,00 EUR**	
Steuerbrutto	3.354,00 EUR		
Abwälzungsbetrag (20% pauschale Lohnsteuer zzgl. SolZ)			**-30,80 EUR**
Gesamtbrutto			3.469,20 EUR
Lohnsteuer	525,33 EUR		
Solidaritätszuschlag	28,89 EUR		
Kirchensteuer	entfällt		
Steuerrechtliche Abzüge			-554,22 EUR
KV (7,3% + 1,1% ZB) von 3.500 EUR	294,00 EUR		
RV (9,35%) von 3.500 EUR	327,25 EUR		
AV (1,5%) von 3.500 EUR	52,50 EUR		
PV (1,525%) von 3.500 EUR	53,38 EUR		
SV-rechtliche Abzüge			-727,13 EUR
Gesetzliches Netto			2.187,85 EUR
Abzug Direktversicherung			**-146,00 EUR**
Auszahlbetrag			2.041,85 EUR

Arbeitgeberanteil:	
KV (7,3%)	255,50 EUR
RV (9,35%)	327,25 EUR
AV (1,5%)	52,50 EUR
PV (1,275%)	44,63 EUR
Umlage 1	entfällt
Umlage 2 (0,45%)	15,75 EUR
Insolvenzgeldumlage (0,09%)	3,15 EUR
Gesamtaufwand SV Arbeitgeber	698,78 EUR

Variante 2c: Vera Vorsorglich hat sich im Jahr 1998 entschieden, aus dem ihr tariflich zustehenden Weihnachtsgeld 1.752 Euro jeweils im Dezember in eine Direktversicherung einzuzahlen. In diesem Fall ist die Gehaltsumwandlung SV-frei. Die Pauschalsteuer trägt der Arbeitgeber.

Arbeitgeber: Super Computer GmbH			
Arbeitnehmer: Vera Vorsorglich			
Zeitraum: 1.12. – 31.12.2017			
Bruttolohn	EUR stpfl.	EUR pauschal	Gesamtbrutto
Gehalt	3.500,00 EUR		3.500,00 EUR
Weihnachtsgeld	**3.000,00 EUR**		**3.000,00 EUR**
Direktversicherung durch Gehaltsumwandlung	**-1.752,00 EUR**	**1.752,00 EUR**	
Steuerbrutto	4.748,00 EUR		
Gesamtbrutto			6.500,00 EUR
Lohnsteuer	915,58 EUR		
Solidaritätszuschlag	50,35 EUR		
Kirchensteuer	entfällt		
Steuerrechtliche Abzüge			-965,93 EUR
KV (7,3% + 1,1% ZB) von 4.748 EUR	398,83 EUR		
RV (9,35%) von 4.748 EUR	443,94 EUR		
AV (1,5%) von 4.748 EUR	71,22 EUR		
PV (1,525%) von 4.748 EUR	72,41 EUR		
SV-rechtliche Abzüge			-896,40 EUR
Gesetzliches Netto			4.547,67 EUR
Abzug Direktversicherung			**-1.752,00 EUR**
Auszahlbetrag			2.795,67 EUR

Arbeitgeberanteil:	
KV (7,3%)	346,60 EUR
RV (9,35%)	443,94 EUR
AV (1,5%)	71,22 EUR
PV (1,275%)	60,54 EUR
Umlage 1	entfällt
Umlage 2 (0,45%)	21,37 EUR
Insolvenzgeldumlage (0,09%)	4,27 EUR
Gesamtaufwand SV Arbeitgeber	947,94 EUR
Pauschale Lohnsteuer AG 20% von 1.752 EUR	**350,40 EUR**
Zzgl. 5,5% Solidaritätszuschlag von 350,40 EUR	**19,27 EUR**
Kirchensteuer entfällt bei Nachweisverfahren, da AN nicht in der Kirche ist	
Aufwand AG Pauschalsteuer	**369,67 EUR**

Da der Arbeitgeber seinen Arbeitgeberanteil zur SV auf die 1.752 Euro spart, kann er ohne zusätzlichen Aufwand die Pauschalsteuer übernehmen.

9.3.2.2 Auszahlphase

In der Auszahlphase sind die Leistungen, die der ehemalige Arbeitnehmer nun von der Versicherung erhält, steuerfrei, wenn die Rentenzahlung als Einmalzahlung erfolgt. Wenn die Leistung als lebenslange Rente ausgezahlt wird, ist nur der Ertragsanteil steuerpflichtig. Dieser beträgt z.B. bei einem Renteneintrittsalter von 65 Jahren 18%. Außerdem fallen bei gesetzlich Versicherten auch hier Beiträge zur Kranken- und Pflegeversicherung an.

9.4 Pensionskassen

Eine Pensionskasse ist eine rechtsfähige Versorgungseinrichtung zur Durchführung der betrieblichen Altersversorgung. Im Unterschied zur Unterstützungskasse wird der versorgungsberechtigte Arbeitnehmer selbst Mitglied der Pensionskasse. Der Rechtsanspruch des Versicherten bzw. seiner Hinterbliebenen richtet sich gegen die Pensionskasse.

9.4.1 Kapitalgedeckte Pensionskasse

Für kapitalgedeckte Pensionskassen gelten die gleichen Aussagen wie zur Direktversicherung. Auch hier ist zwischen Alt- und Neuverträgen zu unterscheiden. Bei Neuverträgen ab 2005 sind maximal 4% der Beitragsbemessungsgrenze in der allgemeinen Rentenversicherung steuer- und SV-frei. Bei Neuverträgen ab 2018 gelten die gleichen Regeln wie für Direktversicherungen: 8% der Beitragsbemessungsgrenze in der allgemeinen Rentenversicherung (8% von 78.000 EUR = 6.240 EUR) sind steuerfrei, 4% von 78.000 EUR = 3.120 EUR sind beitragsfrei.

Auch Beiträge zu Pensionskassen konnten unter bestimmten Voraussetzungen bis 2004 pauschal versteuert werden; diese Verträge können ebenfalls unter Bestandsschutzregeln weiterhin pauschal versteuert werden.

9.4.2 Umlagefinanzierte Pensionskasse

Zu den im Umlageverfahren finanzierten Pensionskassen gehören im Wesentlichen die Zusatzversorgungskassen im öffentlichen Dienst, die von Bund, Ländern, Gemeinden und Kirchen Leistungen der betrieblichen Altersversorgung erbringen.

9.5 Pensionsfonds

Der seit 2002 neu eingeführte Pensionsfonds ist ein rechtlich selbstständiger Versorgungsträger und unterliegt der Versicherungsaufsicht. Das angesammelte Versorgungskapital kann relativ frei auf dem Kapitalmarkt investiert werden.

Für Pensionsfonds gelten in steuer- und SV-rechtlicher Sicht alle zu »neuen« Direktversicherungen gemachten Aussagen (siehe Kapitel 9.3.1). Hier gibt es keine »Altverträge«.

9.6 Das Sozialpartnermodell

Ab 2018 wird durch das Betriebsrentengesetz zusätzlich ein neues Modell geschaffen: Durch das Sozialpartnermodell unter Beteiligung der Tarifvertragsparteien sollen reine Beitragszusagen des Arbeitgebers vereinbart werden können, bei dem der Arbeitgeber nicht für das dauerhafte Rentenniveau einstehen muss; er zahlt nur den Beitrag an die Versorgungseinrichtung. Es wird eine Zielrente unter Verbot von Garantieleistungen genannt.

Diese reinen Beitragszusagen sind über die Durchführungswege Pensionsfonds, Pensionskasse und Direktversicherung möglich; die Anwartschaften sind sofort unverfallbar. Es soll zur Einführung einer automatischen Entgeltumwandlung kommen: Der Arbeitgeber muss ein Angebot zur Entgeltumwandlung mindestens drei Monate vor Fälligkeit machen; der Arbeitnehmer hat ein Widerspruchsrecht mit einer Frist von einem Monat.

Ab 2019 soll dann verpflichtend ein Arbeitgeberzuschuss in Höhe von 15% des umgewandelten Entgelts für die ersparten Arbeitgeber-SV-Aufwendungen eingeführt werden.

10 Ende der Beschäftigung

10.1 Abmeldungen

Scheidet ein Arbeitnehmer aus dem Dienstverhältnis aus, ist er zu diesem Zeitpunkt in der ELStAM-Datenbank abzumelden. Der Arbeitgeber hat die Lohnsteuerbescheinigung elektronisch an das Finanzamt zu übermitteln und dem Arbeitnehmer eine Kopie auszuhändigen.

Der Arbeitnehmer ist mit Meldegrund 30 (Abmeldung) bei seiner gesetzlichen Krankenkasse bzw. bei Minijobs bei der Bundesknappschaft abzumelden.

10.2 Zahlungen an ausgeschiedene Arbeitnehmer

Manchmal kommt es vor, dass der Arbeitnehmer nach seinem Ausscheiden noch Zahlungen von seinem Arbeitgeber erhält. Hier ist zu unterscheiden, ob es sich um laufende Zahlungen, z.B. Nachzahlung von Überstunden oder Zulagen, handelt oder ob es sich um sonstige Bezüge, z.B. Nachzahlungen von Urlaubsgeld, Weihnachtsgeld, Urlaubsabgeltung oder Abfindung, handelt.

Laufende Zahlungen werden dem letzten Lohnabrechnungszeitraum des Dienstverhältnisses zugeordnet. Für die Besteuerung ist die ELStAM zum Ende dieses Lohnzahlungszeitraums zugrunde zu legen.

Handelt es sich jedoch um einen sonstigen Bezug, muss der Arbeitnehmer erneut zur ELStAM-Datenbank angemeldet werden. Es sind die Besteuerungsmerkmale des Zuflussmonats anzuwenden. Hat der Arbeitnehmer bereits ein neues Beschäftigungsverhältnis oder macht er gegenüber dem Arbeitgeber keine Angaben dazu, kann sich der Arbeitgeber nur als Nebenarbeitgeber anmelden und die Versteuerung mit Steuerklasse VI vornehmen. Der Arbeitnehmer erhält darüber eine gesonderte Lohnsteuerbescheinigung.

Beitragsrechtlich ist laufendes Entgelt ebenfalls dem letzten Abrechnungsmonat zuzuordnen. Die bereits erstellte Abmeldung wird storniert und erneut ausgefertigt. Einmalzahlungen sind dem letzten abgerechneten Monat zuzuordnen. Hat der Arbeitnehmer in dem Kalenderjahr, in dem die Einmalzahlung zufließt, kein laufendes Arbeitsentgelt erhalten, ist in den Monaten Januar bis März die Märzklausel (siehe Kapitel 7.3) anzuwenden und die Einmalzahlung für die Beitragsermittlung dem Vorjahr zuzuordnen. Erfolgt die Einmalzahlung jedoch nach dem Monat März, fallen keine Sozialversicherungsbeiträge an. Abfindungen für den Verlust des Arbeitsplatzes sind generell beitragsfrei (siehe Kapitel 7.4).

10.3 Lohnzahlung an Hinterbliebene

Verstirbt ein Arbeitnehmer, wird der Hinterbliebene, der die Lohnzahlung nach dem Tod des Arbeitnehmers bezieht, als Rechtsnachfolger steuerlich als Arbeitnehmer behandelt. Grundsätzlich sind die lohnsteuerlichen Abzugsmerkmale des Hinterbliebenen anzuwenden (ggf. Steuerklasse VI). Aus Vereinfachungsgründen darf der Arbeitgeber jedoch den laufenden Arbeitslohn für den Sterbemonat nach den ELStAM des Verstorbenen versteuern. Die Lohnsteuerbescheinigung ist allerdings auch in diesem Fall für den Hinterbliebenen auszustellen und an das Finanzamt zu übermitteln.

Zahlt der Arbeitgeber z.B. ein Sterbegeld an den Hinterbliebenen, ist dieses als Versorgungsbezug zu versteuern.

SV-rechtlich unterliegt nur das Arbeitsentgelt bis zum Todestag der Beitragspflicht. Darüber hinausgehende Zahlungen sind kein Arbeitsentgelt für den Hinterbliebenen und daher beitragsfrei.

11 Lohnpfändungen

Die Lohn- und Gehaltspfändung ist ein Spezialbereich der Zwangsvollstreckung eines Gläubigers in das Vermögen seines Schuldners. Da bei vielen Arbeitnehmern das Arbeitsentgelt die einzige vielversprechende Vollstreckungsmöglichkeit bietet, es aber andererseits regelmäßig die Existenzgrundlage des Schuldners und seiner Angehörigen darstellt, regelt die Zivilprozessordnung (ZPO) in den §§850 ff die Lohnpfändung als Ausgleich zwischen dem Vollstreckungsinteresse des Gläubigers und dem (Lohn-)Pfändungsschutz des Schuldners.

Die Pfändung wird mit Zustellung des Beschlusses wirksam. Diesem Zeitpunkt kommt vor allem für die Rangfolge Bedeutung zu, wenn dasselbe Arbeitseinkommen durch mehrere Gläubiger gepfändet wird. Der Arbeitgeber sollte deshalb stets den Zustellungszeitpunkt des Pfändungsbeschlusses vermerken.

Wichtig !

Pfändbar ist nur der Teil des Arbeitslohns, der nach Abzug von Steuern und Sozialversicherungsbeiträgen verbleibt. Öffentlich-rechtliche Ansprüche auf Steuern und SV-Beiträge haben stets Vorrang.

11.1 Voraussetzung für eine Lohnpfändung

Der Gläubiger hat einen Vollstreckungstitel gegen den Beschäftigten erwirkt.

Das Vollstreckungsgericht muss einen Pfändungs- und Überweisungsbeschluss erlassen, der dem Arbeitgeber zuzustellen ist.

11.2 Hauptpflichten des Arbeitgebers

Der Arbeitgeber hat eine Auskunftspflicht, d.h., er muss innerhalb von zwei Wochen – von der Zustellung des Pfändungsbeschlusses an gerechnet – dem Gläubiger gegenüber erklären,

- ob und inwieweit er die Forderung als begründet anerkennt und zur Zahlung bereit ist,
- ob und welche Ansprüche andere Personen an die Forderung erheben,
- ob und wegen welcher Ansprüche die Forderung bereits für andere Gläubiger gepfändet ist.

Es besteht ein Verbot der Auszahlung des vollen Nettolohns an den Arbeitnehmer: Nach der Zustellung des Pfändungsbeschlusses ist es dem Arbeitgeber untersagt, den pfändbaren Teil des Einkommens an den Arbeitnehmer auszuzahlen.

Der Arbeitgeber ist zudem zur Ermittlung der pfändbaren Lohnbestandteile verpflichtet.

11.3 Arten von Pfändungen

Es gibt drei verschiedene Arten von Pfändungen, die jeweils unterschiedlich zu behandeln sind:

- Die gewöhnliche Pfändung: Hier wird unter Berücksichtigung der unterhaltsberechtigten Personen und des pfändbaren Nettoeinkommens des Mitarbeiters der Pfändungsbetrag aus der Pfändungstabelle ermittelt.
- Die Unterhaltspfändung: Hier ist die Pfändungstabelle nicht anwendbar. Bei einer Unterhaltspfändung legt das Vollstreckungsgericht den unpfändbaren Betrag sowie den unpfändbaren Prozentsatz im Pfändungsbeschluss fest.
- Die Verbraucherinsolvenz: Für eine überschuldete Privatperson besteht die Möglichkeit, ein Insolvenzverfahren zu beantragen. Das Verfahren endet bei erfolgreicher Durchführung nach sechs Jahren mit der Erteilung der Restschuldbefreiung. In diesem Zeitraum dürfen alle bestehenden Pfändungsbeschlüsse nicht mehr berücksichtigt werden und das pfändbare Arbeitseinkommen muss an einen Treuhänder abgeführt werden.

Der gepfändete Betrag wird vom Treuhänder einmal jährlich an die Insolvenzgläubiger verteilt.

Vorpfändung !

Als Pfändungsgläubiger heißt es, schnell zu sein. Wenn man der erste sein möchte, der in der Rangfolge ganz oben steht, kann man sich das durch eine sog. Vorpfändung sichern. Die Vorpfändung bedarf keiner Entscheidung des Vollstreckungsgerichts. Sie wird durch Gerichtsvollzieher zugestellt und sichert den Rang für einen Monat. Bis dahin muss dann der Pfändungs- und Überweisungsbeschluss zugestellt worden sein.

Arbeitseinkommen

Das für die Pfändung verfügbare Nettoarbeitseinkommen hat der Arbeitgeber selbst zu berechnen. Es gibt unpfändbare Lohnbestandteile, z.B. 50% der Gesamtvergütung für Überstunden bei einer gewöhnlichen Pfändung, 25% der Gesamtvergütung für Überstunden bei einer Unterhaltspfändung. Besonderheiten gelten auch bei der Behandlung von vermögenswirksamen Leistungen, betrieblicher Altersversorgung, Sachbezügen und Abfindungen.

11.4 Unterhaltsberechtigte Personen

Der Arbeitgeber hat auch die Zahl der unterhaltsberechtigten Personen festzustellen. In Betracht kommen

- der Ehegatte/Lebenspartner,
- der frühere Ehegatte,
- Verwandte (Kinder, Enkelkinder, Eltern, Großeltern),
- die Mutter eines nichtehelichen Kindes.

Das ist für den Arbeitgeber manchmal schwer zu beurteilen. Entscheidend sind grundsätzlich die Eintragungen in den Lohnsteuerabzugsmerkmalen. Diese sind aber nicht immer ausreichend (z.B. bei fehlenden Kinderfreibeträgen bei Steuerklasse V). Dann kann in bestimmten Fällen auch die Mitwirkung des Vollstreckungsgerichts eingeholt werden.

Wenn eine unterhaltsberechtigte Person über eigenes Einkommen verfügt, kann das Vollstreckungsgericht anordnen, dass diese Person ganz oder teilweise unberücksichtigt bleibt. Ohne Anordnung muss ein Unterhaltsberechtigter aber auch dann berücksichtigt werden, wenn dem Arbeitgeber zuverlässig bekannt ist, dass diese Person über eigenes Einkommen verfügt.

11.5 Pfändungsfreigrenzen

Die Pfändungsfreigrenzen erhöhen sich alle zwei Jahre, zuletzt am 1. Juli 2017. Folgende Grenzen werden automatisch für Abrechnungen ab 1.7.2017 berücksichtigt:

Pfändungsfreibetrag:	1.134,02 EUR
für die erste unterhaltsberechtigte Person:	426,79 EUR
für die 2. bis 5. unterhaltsberechtigte Person je	237,78 EUR

11.6 Nettomethode bei der Lohnpfändung

Der Arbeitgeber hat bei der Berechnung des pfändbaren Einkommens nach einem Grundsatzurteil des Bundesarbeitsgerichts die sog. Nettomethode anzuwenden. Dabei werden die der Pfändung entzogenen Einkommensbestandteile als Bruttobetrag abgezogen. Und die abzuziehenden Steuern und SV-Beiträge des Arbeitnehmers werden allein aus dem verbleibenden Betrag (Gesamtbrutto abzüglich der unpfändbaren Bruttobeträge) berechnet.

! **Beispiel – Lohnpfändung**

Kuno Gelassen, unverheiratet, kinderlos, Steuerklasse I, evangelisch (9% Kirchensteuer), AOK Nordost, hat eine gewöhnliche Pfändung. Er hat verschiedene unpfändbare und teilpfändbare Lohnbestandteile.
Er erhält für 168 Std.

- einen Bruttolohn von 2.058,00 EUR,
- 76,00 EUR Erschwerniszuschlag (unpfändbar),
- 10 Überstunden à 12,25 EUR = 122,50 EUR (50% pfändbar),
- 25% Überstundenzuschlag = 30,63 EUR (50% pfändbar),
- 27 EUR VWL-Zuschuss (unpfändbar, wenn vor Pfändungsbeschluss abgeschlossen).

Metallbau Max Schraube GmbH			
Arbeitnehmer: Kuno Gelassen			
Abrechnungszeitraum: 1.7. – 31.7.2017			
Bruttolohn	Stpfl.	Gesamtbrutto	Fiktive Nettorechnung:
168 Std. à 12,25 EUR	2.058,00 EUR	2.058,00 EUR	
Erschwerniszuschlag	76,00 EUR		
10 ÜStd. à 12,25 EUR	122,50 EUR		
25% Überstundenzuschlag	30,63 EUR		
VWL-Zuschuss	27,00 EUR		
Gesamtbrutto	2.314,13 EUR	2.314,13 EUR	**2.314,13 EUR** **- (100% EZ) 76,00 EUR** **- (50% ÜStd.) 76,57 EUR** **- (100% VWL) 27,00 EUR**
Steuerbrutto	2.314,13 EUR		**Fiktivbrutto: 2.134,56 EUR**
Lohnsteuer lfd.	263,41 EUR		-221,91 EUR
SolZ lfd.	14,48 EUR		-12,20 EUR
Kirchensteuer	23,70 EUR		-19,97 EUR
Steuerrechtliche Abzüge		-301,59 EUR	**Fiktive Steuerabzüge -254,08 EUR**
KV	189,76 EUR		175,03 EUR
RV	216,37 EUR		199,58 EUR
AV	34,71 EUR		32,02 EUR
PV	35,29 EUR		32,55 EUR
SV-rechtliche Abzüge		-476,13 EUR	**Fiktive SV-Abzüge -439,18 EUR**
VWL-Abzug		-40,00 EUR	
Pfändungsbetrag		-200,34 EUR	
Auszahlbetrag		1.296,07 EUR	

Ermittlung des Pfändungsbetrages durch Nebenrechnung:

Bruttolohn:	2.314,13 EUR
Steuerabzug vom Fiktivbrutto	-254,08 EUR
SV-Beiträge vom Fiktivbrutto	-439,18 EUR
Erschwerniszulage	-76,00 EUR
50% der Überstundenvergütung	-76,57 EUR
VWL	-40,00 EUR
Pfändungsgrundlage:	**1.428,30 EUR**

Der Pfändungsbetrag in der Lohnpfändungstabelle bei keiner unterhaltsberechtigten Person beträgt 200,24 Euro.

Nachfolgend finden Sie einen Auszug aus der 2017 gültigen Pfändungstabelle.

ARBEITS-HILFE ONLINE

Arbeitshilfen online

Die gesamte Tabelle können Sie auf Arbeitshilfen online oder z. B. unter www.p-konto-info.de/downloads/pfaendungstabelle_2017_2019.pdf einsehen.

Auszug aus der Pfändungstabelle ab 1.7.2017

Auszahlung für Monate						
Pfändbarer Betrag bei Unterhaltspflicht für ... Personen						
Nettolohn monatlich	0	1	2	3	4	5 und mehr
in EUR						
1.420,00 bis 1.429,99	200,34	–	–	–	–	–
1.430,00 bis 1.439,99	207,34	–	–	–	–	–
1.440,00 bis 1.449,99	214,34	–	–	–	–	–

Auszug aus der Pfändungstabelle ab 1.7.2017						
	Auszahlung für Monate					
	Pfändbarer Betrag bei Unterhaltspflicht für ... Personen					
1.450,00 bis 1.459,99	221,34	–	–	–	–	–
1.460,00 bis 1.469,99	228,34	–	–	–	–	–
1.470,00 bis 1.479,99	235,34	–	–	–	–	–
1.480,00 bis 1.489,99	242,34	–	–	–	–	–
1.490,00 bis 1.499,99	249,34	–	–	–	–	–
1.500,00 bis 1.509,99	256,34	–	–	–	–	–
1.510,00 bis 1.519,99	263,34	–	–	–	–	–
1.520,00 bis 1.529,99	270,34	–	–	–	–	–

Pfändungstabelle ab 1.7.2017

12 GmbH: Der Gesellschafter-Geschäftsführer

Jede GmbH braucht einen Geschäftsführer. Dieser kann von dem Gesellschafter/den Gesellschaftern als **Fremdgeschäftsführer** eingestellt worden sein. Dann ist er »fast« ein ganz normaler Arbeitnehmer. Warum »fast«? Weil auch im Arbeitsrecht Besonderheiten gelten und der Geschäftsführer arbeitsrechtlich nicht als Arbeitnehmer einzustufen ist.

Komplizierter wird es beim Gesellschafter-Geschäftsführer. Hier müssen wir unterscheiden zwischen Arbeitsrecht, Steuerrecht und Sozialversicherungsrecht.

- **Arbeitsrechtlich** ist der Geschäftsführer einer GmbH – unabhängig davon, ob er zugleich ihr Gesellschafter ist – kein Arbeitnehmer.
- **Steuerrechtlich** ist er jedoch Arbeitnehmer im Sinne des Lohnsteuerrechts, wenn dies durch einen Anstellungsvertrag geregelt ist. Er hat Einkünfte aus nichtselbstständiger Arbeit; die Lohnsteuerrichtlinien sind anzuwenden. Der steuerliche Arbeitgeber ist die GmbH, der steuerliche Arbeitnehmer der Geschäftsführer als natürliche Person; auch dann, wenn ihm die GmbH zu 100% gehört.
- **SV-rechtlich** ist die Beurteilung kompliziert. Wenn der Gesellschafter-Geschäftsführer **mindestens 50% des Stammkapitals** hält und damit die Entscheidungen der GmbH maßgeblich beeinflussen kann, ist er nicht Arbeitnehmer im Sinne der Sozialversicherung. In diesem Fall kann er als freiwilliges Mitglied in der gesetzlichen Krankenkasse bleiben oder eine private Krankenkasse wählen. Die GmbH ist nicht zur steuerfreien Zahlung von Zuschüssen zur Kranken- und Pflegeversicherung verpflichtet. Wenn die GmbH freiwillig einen Zuschuss zahlt, ist dieser Zuschuss steuerpflichtiger Arbeitslohn. In der Renten- und Arbeitslosenversicherung ist der Gesellschafter-Geschäftsführer ebenfalls frei. Zur Sicherung seiner Altersversorgung hat er verschiedene Möglichkeiten:
  - Er kann freiwillige Beiträge zur gesetzlichen Rentenversicherung zahlen.
  - Die GmbH kann zugunsten des Geschäftsführers eine betriebliche Altersversorgung in Form einer Direktversicherung, eines Pensionsfonds oder einer Pensionskasse (siehe Kapitel 9.3, 9.4 und 9.5) abschließen.

- Die GmbH kann zugunsten des Geschäftsführers eine Direktzusage (siehe Kapitel 9.1) vornehmen. Die Direktzusage muss durch eine entsprechende Rückdeckungsversicherung oder andere finanzielle Sicherheiten abgesichert werden.
- Die GmbH kann Beiträge an eine Unterstützungskasse (siehe Kapitel 9.2) zugunsten einer Altersversorgung des Geschäftsführers zahlen.

Der Gesellschafter-Geschäftsführer ist nicht arbeitslosenversichert.

Wie aber beurteilt man Gesellschafter-Geschäftsführer mit **weniger als 50% Stammkapital**?

Der Gesellschafter-Geschäftsführer kann in diesem Fall versicherungsfrei sein, wenn er aufgrund seiner Beteiligung, seiner Gesellschaftsrechte (z. B. Sperrminorität), der vertraglichen Gestaltung seiner Mitarbeit oder auch anderer vertraglicher Gestaltung im Einzelfall die Gesellschaft beherrscht. Er kann aber auch in einem abhängigen Beschäftigungsverhältnis zur GmbH stehen.

Diese Frage beantwortet in letzter Instanz die Clearingstelle der Deutschen Rentenversicherung. Bei der Anmeldung zur Sozialversicherung ist die Einzugsstelle der Deutschen Rentenversicherung von Amts wegen verpflichtet, den versicherungsrechtlichen Status zu prüfen, wenn in der DEÜV-Meldung (siehe Kapitel 4.2) das Statuskennzeichen »2« für eine Tätigkeit als geschäftsführender Gesellschafter einer GmbH geschlüsselt wurde. Die Statusprüfung kann auch im Nachhinein beantragt werden oder auch, wenn sich die gesellschaftsrechtlichen Verhältnisse geändert haben.

Dieser Statusprüfung sollte man eine hohe Aufmerksamkeit schenken. Denn sollte man darauf verzichtet haben und sich bei einer Betriebsprüfung durch die Deutsche Rentenversicherung (siehe Kapitel 14.2) eine abweichende Beurteilung ergeben, muss man mit hohen Nachzahlungen oder aber auch Erstattungen rechnen.

Sämtliche Regelungen, die für den Gesellschafter-Geschäftsführer einer GmbH gelten, gelten auch für den Geschäftsführer einer »Unternehmergesellschaft (haftungsbeschränkt)«.

Beispiel – Gesellschafter-Geschäftsführer !

Willi Wüterich ist geschäftsführender Alleingesellschafter der CHAOS Computer GmbH. Über die Geschäftsführertätigkeit und die von der GmbH hierfür zu erbringende Gegenleistung bestehen von vornherein getroffene Vereinbarungen:
Geschäftsführervergütung: 6.800 EUR (monatlich)
Steuerklasse: I / kein Kinderfreibetrag /keine Kirche
Willi Wüterich erhält vertragsgemäß

- einen Firmenwagen zur privaten Nutzung mit einem Bruttolistenpreis von 48.595 Euro. Die Ermittlung des geldwerten Vorteils erfolgt nach der 1-%-Methode. Die Fahrten zwischen Wohnung und erster Tätigkeitsstätte betragen 35 Kilometer. Von der Pauschalierungsmöglichkeit von 15% pauschaler Lohnsteuer soll Gebrauch gemacht werden. Der geldwerte Vorteil beträgt:
  - 1% von 48.500 EUR = 485,00 EUR
  - + 0,03% von 48.500 EUR x 35km = 509,25 EUR

  Davon können pauschal versteuert werden:
  - 0,30 EUR x 15 Tage x 35km = 157,50 EUR;
- einen Zuschuss zur privaten Kranken- und Pflegeversicherung in Höhe von 50% der zu zahlenden monatlichen Versicherungsprämie von 280 Euro zur KV und 40 Euro zur PV. Dieser Zuschuss in Höhe von 160 Euro ist voll steuerpflichtig;
- den Direktversicherungsbeitrag für eine vor dem 1.1.2005 abgeschlossene Lebensversicherung in Höhe von 146 Euro monatlich. Der Beitrag soll nach altem Recht mit 20% pauschaler Lohnsteuer versteuert werden; die Pauschalsteuer trägt der Arbeitgeber;
- den Direktversicherungsbeitrag für einen nach dem 1.1.2005 abgeschlossenen Versicherungsvertrag, welcher eine lebenslange Rentenzahlung vorsieht, in Höhe von 254 Euro monatlich;
- eine im Monat Mai zu zahlende gewinnabhängige Tantieme in Höhe von 5.500 Euro. Diese ist als sonstiger Bezug nach der Jahrestabelle zu versteuern.

Arbeitgeber: CHAOS Computer GmbH				
Arbeitnehmer: Willi Wüterich				
Zeitraum: 1.5. – 31.5.2017				
Bruttolohn	Stpfl.	pauschal	steuerfrei	Gesamt-brutto
Geschäftsführervergütung	6.800,00 EUR			6.800,00 EUR
Sachbezug 1-%-Regel	485,00 EUR			485,00 EUR
Sachbezug 0,03-%-Regel: 48.500 EUR x 35km x 0,03%	509,25 EUR			509,25 EUR
Davon pauschal versteuert	-157,50 EUR	+ 157,50 EUR		
Zuschuss private KV/PV	160,00 EUR			160,00 EUR
DV neu			254,00 EUR	
DV alt		146,00 EUR		
Tantieme	5.500,00 EUR			5.500,00 EUR
Gesamtbrutto	13.296,75 EUR	157,50 EUR		13454,25 EUR
Steuerbrutto lfd.	7.796,75 EUR			
Steuerbrutto sonst. Bezug	5.500,00 EUR			
Lohnsteuer lfd.				-2.431,25 EUR
Lohnsteuer sonst. Bezug				-2.310,00 EUR
SolZ lfd.				-133,71 EUR
SolZ sonst. Bezug				-127,05 EUR
Kirchensteuer				entfällt
Steuerrechtliche Abzüge				-5.002,01 EUR
KV				Entfällt
RV				Entfällt
AV				Entfällt
PV				entfällt
Gesetzliches Netto				8.452,24 EUR
Verrechneter Sachbezug				-994,25 EUR
Auszahlbetrag				7.457,99 EUR

Zzgl.

Pauschalsteuer auf Fahrten zwischen Wohnung und 1. Tätigkeitsstätte	
15% pauschale Lohnsteuer von 157,50 EUR	23,63 EUR
5,5% SolZ von 23,63 EUR	1,29 EUR
KiSt	entfällt
Gesamtaufwand Arbeitgeber	24,92 EUR

Pauschalsteuer auf Direktversicherung (alt)	
20% pauschale Lohnsteuer von 146 EUR	29,20 EUR
5,5% SolZ von 29,20 EUR	1,60 EUR
KiSt	entfällt
Gesamtaufwand Arbeitgeber	30,80 EUR

13 Schnittstelle zur Finanzbuchhaltung

Mit der Erstellung des Monatsabschlusses in der Lohnbuchhaltung muss auch immer ein Buchungsbeleg für die Finanzbuchhaltung (ggf. mit Kostenstellen) zur Verfügung gestellt werden. Sämtliche Aufwendungen, Abzüge, Einbehaltungen werden im Lohnjournal monatlich für jeden einzelnen Arbeitnehmer dargestellt und summiert zusammengefasst. Nun müssen die Werte in geeigneter Form an die Finanzbuchhaltung übergeben werden. Bei den meisten Lohnprogrammen gibt es dafür eine Schnittstelle – und so werden die Lohnbuchungen automatisiert in die Finanzbuchhaltung übergeben, ohne dass sich dazu jemand die Mühe machen muss, die Buchungen erneut einzeln einzutippen. Eine gute Sache – vorausgesetzt, jede einzelne Lohnart, jeder einzelne Abzugsbetrag wurde dem richtigen FiBu-Konto zugeordnet.

Leider ist es manchmal so, dass der Lohnbuchhalter sich nicht in Finanzbuchhaltung auskennt oder umgekehrt der Finanzbuchhalter nichts von Lohnbuchhaltung versteht. Das ist grundsätzlich kein Problem, wenn derjenige, der die Schnittstelle programmiert hat, beides beherrscht!

Wichtig ist zuerst einmal die Auswahl des richtigen Kontenrahmens (z.B. DATEV-SKR03 oder DATEV-SKR04[4]). Standardmäßig sind die Konten vierstellig, sie können aber auch auf mehr als vier Stellen erweitert werden. Das ist vorab einzustellen, damit die Schnittstelle funktioniert. Grundsätzlich muss jeder einzelnen Lohnart und jedem Abzugsbetrag ein FiBu-Konto zugeordnet werden. Im DATEV-SKR03 werden Personalaufwendungen auf der Soll-Seite in der Kontenklasse 4 im Kontenbereich 4100 bis 4199 gebucht; im DATEV-SKR04 werden Personalaufwendungen auf der Soll-Seite in der Kontenklasse 6 im Kontobereich 6000 »Löhne und Gehälter« und 6100 »Soziale Abgaben und Aufwendungen für Altersversorgung und Unterstützung« gebucht. Lohnaufwendungen für geringfügig Beschäftigte (Konto 4195 bzw. 6035) und Geschäftsführer (Konto 4127 bzw. 6027) sowie Gesellschafter-Ge-

4 Die DATEV-Kontenrahmen sind hier beispielhaft genannt, da sie in der Praxis häufig angewendet werden. Das Prinzip ist aber das gleiche, auch wenn Sie mit anderen Kontenrahmen arbeiten.

schäftsführer (Konto 4124 bzw.6024) sollten Sie von vornherein auf die extra dafür vorgesehenen Konten buchen.

! **Wichtig**

Wenn Sie eine neue Lohnart eingerichtet haben, muss diese auch immer ein FiBu-Konto zugeordnet worden sein.

Auf der Haben-Seite erscheinen die Abzugsbeträge. Die Verbindlichkeiten gegenüber Arbeitnehmern, gegenüber dem Finanzamt, den Sozialversicherungsträgern und sonstigen Empfängern, z.B. Vermögensbildungsinstituten, Direktversicherungen oder Pensionskassen oder auch Pfändungsgläubigern, werden im DATEV-SKR03 auf die Konten 1740 bis 1753, im DATEV-SKR04 auf die Konten 3720 bis 3786 gebucht. Zu den Abzugsbeträgen gehören aber nicht nur Verbindlichkeiten, sondern auch verrechnete Sachbezüge. Hier ist für jeden einzelnen Sachbezug die Umsatzsteuerpflicht einzeln zu beurteilen und das entsprechende Konto auszuwählen. Für »Verrechnete sonstige Sachbezüge aus Kfz-Gestellung 19% USt.« ist z.B. das Konto 8611 im SKR03 und 4947 im SKR04 vorgesehen, für »Verrechnete sonstige Sachbezüge ohne Umsatzsteuer«, z.B. Zinsersparnisse, das Konto 8614 bzw. 4949.

Wenn Sie Erstattungsanträge nach dem AAG (Entgeltfortzahlung und Mutterschutzleistungen – siehe Kapitel 3.11) gestellt haben, müssen diese als Forderungen gegenüber der Krankenkasse gebucht werden (Konto 1520 bzw. 1369). Auf der Haben-Seite buchen Sie einen sonstigen betrieblichen Ertrag (Konto 2749 bzw. 4972).

Falls Sie am Schätzverfahren für Beitragsnachweise (siehe Kapitel 3.9) teilnehmen, werden Zahlbetrag und Verbindlichkeit gegenüber den Sozialversicherungsträgern regelmäßig nicht übereinstimmen. Dann sollten Sie den geschätzten Zahlbetrag zunächst auf das Konto »Voraussichtliche Beitragsschuld gegenüber den Sozialversicherungsträgern« (Konto 1759 bzw. 3759) buchen und zum Monatsende mit dem Verbindlichkeitskonto 1742 bzw. 3740 verrechnen.

Auf jedem Lohn-Buchungsbeleg haben sich nun eine Vielzahl von Soll-Konten und Haben-Konten angesammelt. Um diese ordnungsgemäß buchen zu können, müssen Sie ein sog. »Lohnverrechnungskonto« (1755 bzw. 3790) verwenden. Dieses sammelt zum einen sämtliche Soll-Konten und zum anderen sämtliche Haben-Konten. Wenn beide Seiten übereinstimmen (etwas anderes kommt nicht in Frage!), hat das Lohnverrechnungskonto einen Saldo von 0.

Wenn Sie die Lohnabrechnung für ein Unternehmen mit Einnahmen-/Überschussrechnung durchführen, können Sie auf die o.g. sog. Bruttolohnverbuchung verzichten. Dann werden die Löhne im Zeitpunkt der Zahlung als Aufwand gebucht; die Buchung von Verbindlichkeiten ist nicht erforderlich. Trotzdem kann die Bruttolohnverbuchung auch hier hilfreich sein, um Konten abzustimmen.

Stimmen Sie sich in jedem Fall mit der Finanzbuchhaltung über die Verfahrensweise ab! Dann wird auch die Buchung der Löhne ohne Probleme erfolgen.

14 Prüfungen im Lohnbereich

Prüfungen im Lohnbereich werden turnusmäßig durchgeführt und sind nichts Außergewöhnliches. Geprüft wird einerseits die korrekte Einbehaltung und Abführung der Lohnsteuer durch das Betriebsstättenfinanzamt im Rahmen einer Lohnsteueraußenprüfung (§42f EStG), andererseits sämtliche sozialversicherungsrechtlich relevanten Beitragszahlungen und Meldungen durch den Prüfdienst der Deutschen Rentenversicherung (§28p SGB IV).

In §42f EStG ist vorgesehen, auf Antrag des Arbeitgebers die Prüfungen für die Lohnsteuer und die Sozialversicherung auch zeitgleich durchführen zu können.

Zu den besonderen Prüfungen, die vorher nicht angekündigt werden, gehören die Lohnsteuernachschau (§42g EStG) und die Prüfung der Einhaltung des Mindestlohngesetzes durch die Hauptzollämter.

14.1 Lohnsteueraußenprüfung

Das Betriebsstättenfinanzamt überwacht die ordnungsgemäße Einbehaltung und Abführung der Lohnsteuer, Kirchensteuer und des Solidaritätszuschlags durch turnusmäßige Lohnsteuer-Außenprüfungen. Die Durchführung einer Lohnsteuer-Außenprüfung und der Zeitpunkt des Beginns werden mit einer schriftlichen Prüfungsanordnung mindestens zwei Wochen vorher mitgeteilt. Sind wichtige Gründe vorhanden, kann der Beginn der Lohnsteuer-Außenprüfung hinausgeschoben werden.

Die Prüfung findet i.d.R. in den Geschäftsräumen des Arbeitgebers statt, kann aber auch beim Steuerberater oder durch Vorlage der Belege im Finanzamt erfolgen.

Die Arbeitgeber sind verpflichtet, den Prüfern das Betreten der Geschäftsräume in den üblichen Geschäftsstunden zu gestatten und ihnen die erforderlichen Hilfsmittel und einen geeigneten Arbeitsplatz unentgeltlich zur Verfügung zu stellen. Den Prüfern ist nicht nur Einsicht in die lohnsteuerlichen Unterlagen (Lohnkonten, Lohnlisten usw.) zu gewähren, sondern auch Einsicht in die Geschäftsbücher, Sachkonten, Abschlussberichte und sonstigen Buchführungsunterlagen (einschließlich Arbeitsverträge der leitenden Angestellten und GmbH-Gesellschafter-Geschäftsführer), soweit dies nach dem Ermessen des Prüfers zur Durchführung der Lohnsteuerprüfung erforderlich ist. Die Arbeitgeber haben über alle für den Betrieb tätigen Personen jede gewünschte Auskunft zur Feststellung der für die Lohnsteuer bedeutsamen Verhältnisse zu geben, diese Aufgabe kann auf die mit der Abrechnung vertrauten Person (Lohnbuchhalter) übertragen werden; in gleicher Weise haben auch die Arbeitnehmer selbst dem Lohnsteuerprüfer Auskunft zu erteilen.

Die Prüfer haben das Recht, in DV-gestützte Buchführungssysteme Einsicht zu nehmen bzw. vom Arbeitgeber die Vorlage einer entsprechenden Daten-CD zu verlangen. Da es bei der Vielzahl der verwendeten Lohnprogramme in der Vergangenheit immer wieder zu Leseproblemen gekommen ist, wird ab 1.1.2018 die digitale Lohnschnittstelle (DLS) verbindlich eingeführt; der Arbeitgeber hat der Finanzverwaltung die im Lohnkonto aufzuzeichnenden Daten nach einer amtlich vorgeschriebenen digitalen Schnittstelle elektronisch bereitzustellen. Dies gilt unabhängig von dem vom Arbeitgeber eingesetzten Lohnabrechnungsprogramm.

Der Arbeitgeber ist während der Lohnsteuer-Außenprüfung über die festgestellten Sachverhalte und die möglichen steuerlichen Auswirkungen zu unterrichten. Der Arbeitgeber hat ein Recht auf eine Schlussbesprechung, es sei denn, dass sich durch die Lohnsteuer-Außenprüfung keine Änderung der Besteuerungsgrundlagen ergibt oder es sich um eine abgekürzte Lohnsteuer-Außenprüfung handelt, die sich nur auf ausgewählte Sachverhalte bezieht; er kann allerdings auf die Schlussbesprechung verzichten.

Über das Ergebnis der Lohnsteuer-Außenprüfung ist ein Prüfungsbericht zu fertigen und dem Arbeitgeber zu übersenden. Führt die Lohnsteuer-Außenprüfung zu keiner Änderung der Besteuerungsgrundlagen, genügt eine schriftliche Mitteilung hierüber. Der Arbeitgeber kann beantragen, dass ihm der Prüfungsbericht vor der Auswertung durch das Finanzamt zur Stellungnahme übersandt wird; dies gilt allerdings nicht bei abgekürzten Lohnsteuer-Außenprüfungen.

14.2 Prüfung durch die Träger der Rentenversicherung

Die Richtigkeit der Beitragszahlungen ist nach §28 p Abs. 1 SGB IV mindestens alle 4 Jahre zu überprüfen. Auf Verlangen des Arbeitgebers kann auch eine Prüfung in kürzeren Zeitabständen stattfinden. Für die Durchführung der Beitragsprüfungen gelten im Wesentlichen die gleichen Grundsätze wie bei einer Lohnsteuer-Außenprüfung.

Wichtig ist in diesem Zusammenhang die Beitragsverfahrensordnung (BVV). Denn nach §10 Abs. 2 BVV ist der Arbeitgeber verpflichtet, Bescheide und Prüfungsberichte der Finanzbehörden vorzulegen. Die Prüfer sind verpflichtet, diese Unterlagen einzusehen und eine versicherungs- und beitragsrechtliche Auswertung vorzunehmen. Das Ergebnis ist im Prüfbericht festzuhalten; im Prüfbericht sind auch die Gründe darzulegen, wenn von einer Auswertung abgesehen wurde. Kommt der Arbeitgeber seinen Vorlagepflichten nicht nach, kann nach §31 Abs. 2 der Abgabenordnung der Prüfungsbericht über die Lohnsteueraußenprüfung direkt beim Betriebsstättenfinanzamt angefordert werden.

Weiterhin sind die Sozialversicherungsprüfer berechtigt, beim Arbeitgeber über den Bereich der Lohn- und Gehaltsabrechnung hinaus auch das **Rechnungswesen**, insbesondere also die **Aufwandskonten**, zu prüfen, ohne dass hierfür besondere Gründe vorliegen müssen. Die Aufwendungen für sog. Aushilfskräfte oder für Werkverträge können verstärkt überprüft werden. Eine Prüfungsnotwendigkeit ergibt sich deshalb, weil die Aufwendungen häufig außerhalb der Lohn- und Gehaltsbuchhaltung verbucht werden, obwohl eigentlich sozialversicherungspflichtige Beschäftigungsverhältnisse vorliegen.

Weiterhin ist die Deutsche Rentenversicherung seit 1. 1. 2010 auch für die Betriebsprüfung im Bereich der Unfallversicherung zuständig.

Bereits seit 2007 prüfen die Rentenversicherungsträger in diesem Zusammenhang flächendeckend die korrekte Abführung der Künstlersozialabgabe. Auch darauf müssen Sie vorbereitet sein, obwohl die Künstlersozialabgabe nicht die Lohnabrechnung betrifft. Abgabepflichtig sind Unternehmen, die an selbstständige Künstler und Publizisten Aufträge vergeben; auch diese

Informationen erhält der Prüfer durch die Einsichtnahme in die Aufwandskonten des Rechnungswesens.

Seit 1.1.2012 besteht die optionale Möglichkeit, auch sozialversicherungsrechtliche Betriebsprüfungen auf elektronischem Weg durchzuführen. Für die Sozialversicherung sind dabei die elektronisch gespeicherten Daten gemäß der Beitragsverfahrensordnung (Entgeltunterlagen) den Rentenversicherungsträgern auf Anforderung in elektronischer Form zur Verfügung zu stellen. Die elektronisch unterstützte Betriebsprüfung (euBP) findet im Rahmen einer Übermittlung der Daten aus der Lohn- und Gehaltsbuchhaltung statt. Voraussetzung ist, dass die Daten aus systemgeprüften Entgeltabrechnungsprogrammen stammen. Es erfolgt eine Übermittlung folgender Daten an die Datenstelle der Träger der Rentenversicherung:

- Stammdaten der Arbeitnehmer
- Höhe des Arbeitsentgelts
- Buchungsdaten der Finanzbuchhaltung
- sonstige Zahlungen an den Arbeitnehmer
- Meldungen, Beitragsgruppen sowie Beitragsnachweisdaten

Die übermittelten Daten werden elektronisch auf Plausibilität und Richtigkeit der beitragsrechtlichen Behandlung (Berechnung und Abrechnung) geprüft. Die Prüfung auf elektronischem Wege erfolgt als Vorab-Prüfung zur Feststellung von Auffälligkeiten, die dann ggf. wie bisher vor Ort anhand der Belege und Unterlagen genauer geprüft werden.

Bei der elektronischen Betriebsprüfung handelt es sich um ein freiwilliges Verfahren, das interessierten Arbeitgebern und Steuerberatern optional zur bisher praktizierten Form der Betriebsprüfung angeboten wird.

14.3 Lohnsteuer-Nachschau

In Anlehnung an das Umsatzsteuerrecht ist die Möglichkeit einer Lohnsteuer-Nachschau (§42g EStG) eingeführt worden. Es handelt sich um ein besonderes Verfahren zur **zeitnahen** Aufklärung steuererheblicher Sachverhalte. Die Lohnsteuer-Nachschau kann ohne vorherige Ankündigung durchgeführt werden.

Wichtig !

Sofern die bei der Lohnsteuer-Nachschau getroffenen Feststellungen hierzu Anlass geben, kann **ohne vorherige Prüfungsanordnung** zu einer Lohnsteuer-Außenprüfung übergegangen werden. Auf diesen Übergang zur Lohnsteuer-Außenprüfung wird der Arbeitgeber schriftlich hingewiesen.

Die von einer Lohnsteuer-Nachschau betroffenen Arbeitgeber (das gilt auch, wenn die Arbeitgebereigenschaft streitig ist) haben auf Verlangen der Finanzverwaltung Lohn- und Geschäftsunterlagen, Aufzeichnungen, Bücher, Geschäftspapiere und andere Urkunden über die der Nachschau unterliegenden Sachverhalte vorzulegen und Auskünfte zu erteilen, soweit dies zur Feststellung steuerlicher Folgerungen zweckdienlich ist. Darüber hinaus haben die Arbeitnehmer des Arbeitgebers jede gewünschte Auskunft über Art und Höhe ihrer Einnahmen zu geben und auf Verlangen der Finanzverwaltung eventuelle in ihrem Besitz befindliche Bescheinigungen über den Lohnsteuerabzug sowie die Belege über bereits entrichtete Lohnsteuer vorzulegen. Dies gilt auch für Personen, bei denen es streitig ist, ob sie Arbeitnehmer des Arbeitgebers sind oder waren.

Die ab dem 1.1.2018 vorgesehene Übergabe der Lohndaten nach einer amtlich vorgeschriebenen digitalen Schnittstelle gilt auch im Rahmen einer Lohnsteuer-Nachschau.

14.4 Prüfung durch das Hauptzollamt

Die Zollverwaltung ist durch den Gesetzgeber beauftragt worden, Schwarzarbeit, illegale Beschäftigung und Lohndumping zu bekämpfen. Die Zahlung der Mindestlöhne setzt dabei ab 2015 einen neuen Schwerpunkt.

Die Betriebsprüfungen werden vom Arbeitsbereich Finanzkontrolle Schwarzarbeit (FKS) der Hauptzollämter durchgeführt. Unterstützt werden die Prüfer insbesondere durch die Agenturen für Arbeit, die Rentenversicherungsträger, die Arbeitsschutzbehörden und die Finanzbehörden. Die Prüfer kommen unangemeldet und sind i.d.R. an ihrer Dienstkleidung erkennbar. Zudem weisen sie sich durch eine Dienstmarke oder Dienstausweise aus.

Das Hauptzollamt kontrolliert u.a.

- bestimmte Melde-, Beitrags- und Aufzeichnungspflichten,
- Einhaltung der Arbeitsbedingungen nach dem
  - Arbeitnehmerentsendegesetz,
  - Mindestlohngesetz,
  - Arbeitnehmerüberlassungsgesetz,
- Zahlung von Sozialkassenbeiträgen.

Das Hauptzollamt prüft auch

- Aufzeichnungspflichten nach dem Mindestlohngesetz,
- Sozialleistungsmissbrauch,
- Anhaltspunkte zur Verletzung steuerlicher Pflichten,
- in bestimmten Branchen wie z.B. Baugewerbe die Ausweispapiere.

! **Wichtig**

Wenn konkrete Verdachtsmomente vorliegen, sind die Prüfer des Hauptzollamts verpflichtet, ein Straf- oder Ordnungswidrigkeitenverfahren einzuleiten.

Abkürzungsverzeichnis

EStG	Einkommensteuergesetz
LStR	Lohnsteuerrichtlinie
LStH	Lohnsteuerhinweise
BMF	Bundesministerium der Finanzen
BFH	Bundesfinanzhof
SGB	Sozialgesetzbuch
BurlG	Bundesurlaubsgesetz
EFZG	Entgeltfortzahlungsgesetz
MuSchG	Mutterschutzgesetz
BEEG	Bundeselterngeldgesetz
LSt	Lohnsteuer
pLSt	Pauschale Lohnsteuer
SolZ	Solidaritätszuschlag
KiSt	Kirchensteuer
SV	Sozialversicherung
KV	Krankenversicherung
RV	Rentenversicherung
AV	Arbeitslosenversicherung
PV	Pflegeversicherung
U1	Umlage 1
U2	Umlage 2
IU	Insolvenzgeldumlage

Abbildungsverzeichnis

Inklusive Arbeitshilfen online

Exklusiv für Buchkäufer!

Ihre Arbeitshilfen zum Download:

- **http://mybook.haufe.de/**
- **Buchcode:** IIV-7973

HAUFE.

Ihr Feedback ist uns wichtig!
Bitte nehmen Sie sich eine Minute Zeit

www.haufe.de/feedback-buch

Auf der Suche nach neuen Mitarbeitern stellen sich viele Fragen. Nach welchen Kriterien beurteile ich die Bewerbungen? Wie kann ich im Interview noch bessere Fragen stellen? Was muss ich bei Zusagen beachten? Dieser Crashkurs bietet einen fundierten Überblick über alle Schritte der Personalgewinnung.

Jetzt bestellen!
www.haufe.de/fachbuch
(Bestellung versandkostenfrei),
0800/50 50 445 (Anruf kostenlos)
oder in Ihrer Buchhandlung

Ab Mai 2018 gilt die neue EU-Datenschutzgrundverordnung (DSGVO). Dieses Buch zeigt, wie Sie den Beschäftigtendatenschutz rechtssicher umsetzen und was Sie in der Personalarbeit und im Umgang mit personenbezogenen Daten beachten müssen. Mit Handlungsempfehlungen zur korrekten Umsetzung!

Jetzt bestellen!
www.haufe.de/fachbuch
(Bestellung versandkostenfrei),
0800/50 50 445 (Anruf kostenlos)
oder in Ihrer Buchhandlung